"十四五"职业教育国家规划教材

高 等 院 校
艺术设计精品
系 列 教 材

A R T
&
DESIGN

+
顾燕
主编

张欧 张毅
副主编

版式设计

基础与实战

第2版|慕课版

U0725348

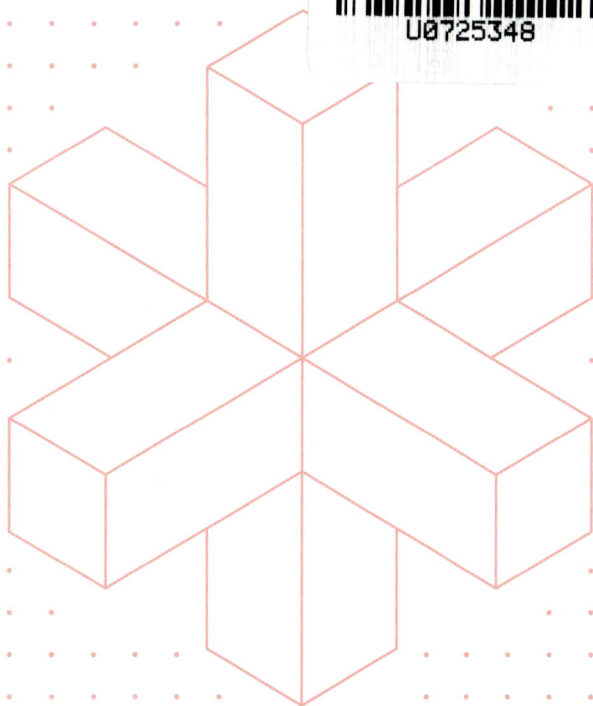

人民邮电出版社
北 京

图书在版编目（CIP）数据

版式设计基础与实战 ：慕课版 / 顾燕主编. -- 2版
. -- 北京 ：人民邮电出版社，2024.1
高等院校艺术设计精品系列教材
ISBN 978-7-115-62525-0

Ⅰ．①版… Ⅱ．①顾… Ⅲ．①版式－设计－高等学校
－教材 Ⅳ．①TS881

中国国家版本馆CIP数据核字(2023)第156429号

内 容 提 要

　　本书讲解了版式设计的基础知识和实战项目操作步骤。全书共9章，内容包括版式设计概述，版式
设计要素，版式设计的构图、视觉流向与视觉语言，版式设计中文字的处理和表现，版式设计中图片
的处理和表现，版式设计中色彩的处理和表现，版式设计的基本类型，版式细节设计与印刷尺寸，以及
版式设计的综合运用。本书每章都采用基础知识与综合项目实战或项目演练相结合的讲解方式。其中
最后一章设置版式设计的综合运用，通过书籍、文化折页、电商平台、招贴、企业宣传手册等多个实
战项目，帮助读者掌握版式要素和设计方法在纸质媒介和网络媒介中的具体应用。

　　本书适合作为高等院校版式设计相关课程的教材，也可供版式设计相关从业人员自学参考。

◆ 主　　编　顾　燕
　　副 主 编　张　欧　张　毅
　　责任编辑　桑　珊
　　责任印制　王　郁　焦志炜
◆ 人民邮电出版社出版发行　　北京市丰台区成寿寺路 11 号
　　邮编　100164　　电子邮件　315@ptpress.com.cn
　　网址　https://www.ptpress.com.cn
　　天津裕同印刷有限公司印刷
◆ 开本：787×1092　1/16
　　印张：11　　　　　　　　　　　2024 年 1 月第 2 版
　　字数：170 千字　　　　　　　　2025 年 6 月天津第 10 次印刷

定价：69.80 元

读者服务热线：(010)81055256　印装质量热线：(010)81055316
反盗版热线：(010)81055315

第2版前言

本书全面贯彻党的二十大精神，以社会主义核心价值观为引领，传承中华优秀传统文化，坚定文化自信，使内容更好体现时代性、把握规律性、富于创造性。

对于学习平面设计和喜爱平面设计的人来说，版式设计或者说排版是一项十分重要的技能，也是一项基础技能。版式设计在平面设计中起到了承上启下的作用，它既要求设计师能够借助平面构成原理综合地运用图形、文字、色彩等要素巧妙构图，又为设计师逐步向具体的平面设计（如书籍设计、包装设计、招贴设计，甚至网页界面设计）方向渗透提供了基础平台。可以说，任何一种可视化的信息界面和载体的呈现都离不开版式设计。

优秀的版式设计不仅能够清晰地展示主题，同时能够给人美的享受。本书展示的是编者在教学过程中搜集、积累、整理的有关版式设计的内容，书中列举了大量的设计案例，针对不同的版面类型进行了具体的分析，力求案例紧贴系统化的理论知识点。本书编写的目的，一方面在于希望能够为学习版式设计和喜爱版式设计的人提供系统的版式设计知识框架和知识点，另一方面在于期望以简明、清晰、生动、务实的案例形式让版式设计的学习和实践更加轻松和高效。

1. 如何使用本书

（1）通过生动具体的案例系统学习基础知识。

（2）通过针对性强的项目演练和综合项目实战动手制作。

（3）通过在多个应用领域的实战，综合训练设计能力。

2. 学时安排建议

本书的参考学时为55学时，其中实训环节为35学时，各章的参考学时请参见下面的学时分配表。

学时分配表

章序	课程内容	分配 / 小时	
		讲授	实训
1	版式设计概述	1	0
2	版式设计要素	2	2
3	版式设计的构图、视觉流向与视觉语言	2	4
4	版式设计中文字的处理和表现	3	3
5	版式设计中图片的处理和表现	2	4
6	版式设计中色彩的处理和表现	2	2
7	版式设计的基本类型	4	8
8	版式细节设计与印刷尺寸	2	2
9	版式设计的综合运用	2	10
学时总计		20	35

3. 配套资源介绍

本书配套资源包括以下内容：

全书案例素材与效果文件；

扩展图库等扩展资料；

全书PPT课件、课程标准、课程教案。

以上资料读者可以登录人邮教育社区（www.ryjiaoyu.com）免费下载。

本书配套与赠送的慕课视频，读者登录人邮学院网站（www.rymooc.com）或扫描封底二维码，使用手机号完成注册，在首页右上角单击"学习卡"选项，输入封底刮刮卡中的激活码，即可免费在线观看，也可使用手机扫描书中的二维码观看视频并查看扩展图库。

由于编者水平有限，书中难免存在疏漏和不妥之处，敬请广大读者批评指正。

编者

2023年8月

CONTENTS

目录

01

第1章　版式设计概述　1

02

第2章　版式设计要素　9

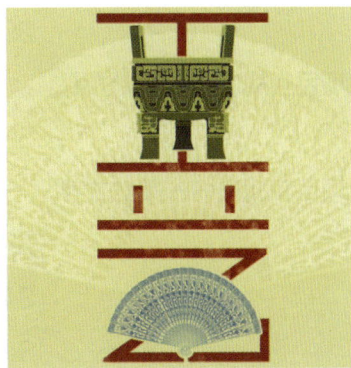

目 录

05

第5章 版式设计中图片的处理和表现 67

06

第6章 版式设计中色彩的处理和表现 93

目 录

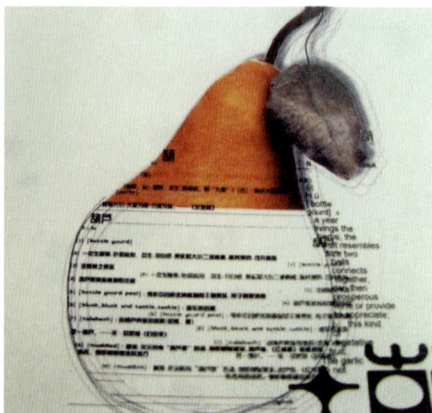

09

第9章　版式设计的综合运用 143

扩展知识扫码阅读

设计基础

✔认识形体

✔透视原理

✔认识设计

✔认识构成

✔形式美法则

✔点线面

✔基本形与骨骼

✔认识色彩

✔认识图案

✔图形创意

✔版式设计

✔字体设计

>>>

设计应用

✔创意绘画

✔图标设计

✔装饰设计

✔VI设计

✔UI设计

✔UI动效设计

✔标志设计

✔包装设计

✔广告设计

✔文创设计

✔网页设计

✔H5页面设计

✔电商设计

✔MG动画设计

✔网店美工设计

✔新媒体美工设计

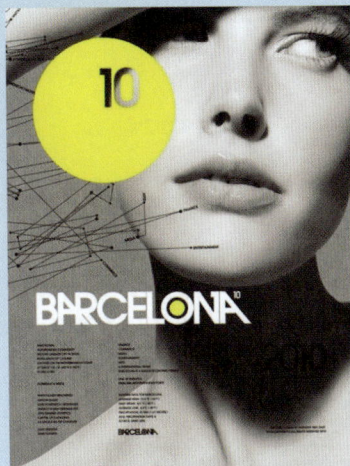

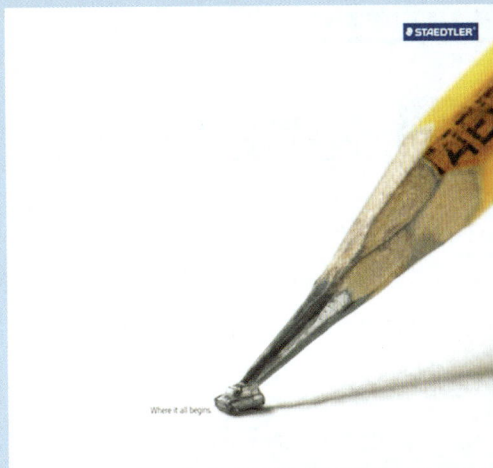

01

第1章 版式设计概述

版式设计由来已久，而在现代信息社会，有效的信息传达更是离不开合理、实用、美观的版式设计。本章主要介绍版式设计的概念，使读者了解版式设计的不同发展阶段，并对版式设计的基本流程有初步的认识，以便为后续知识点的学习做铺垫。

1.1 版式设计的概念

版式设计在视觉传达设计中起到承上启下的作用，其主要要求设计师具备综合图片、文字、色彩等设计要素的组织表现能力。版式设计的理念广泛应用书装、海报、包装、展示等诸多领域。

版式设计一词来源于英文"layout"，"lay"是指放置，"out"是指展示出来。大众通常接触的各种载体中放置的内容主要包括图形、图片、文字、色彩等要素。但是要展示和组织这些要素，达到良好的传达效果，则需要掌握一些版式设计的原理和方法。

因此，版式设计是平面设计领域一个十分重要的环节，它既需要设计师对相关设计软件和设计元素有一定的把握，又需要设计师，按照设计需求，综合运用这些要素将其进行组织、排列、整合。优秀的版式设计不仅视觉传达效果好，而且能够激发读者的阅读兴趣，帮助读者在阅读浏览的过程中轻松愉悦地获取信息。

我们可以这样定义版式设计的概念：版式设计指在一个平面上展开设计调度，将文字、插图、图片、标记符号、色彩等构成要素，按照一定的审美规律，结合设计的具体特点和使用目的来布局，并使其成为一个整体而进行信息传递的过程。

爵士音乐会招贴设计

扩展图库
分类版式设计

慕课视频
版式设计的
概念和流程

企业宣传画册设计

慕课视频
为什么要学
排版

时尚页面设计

慕课视频
排版可以
做些什么

1.2 版式设计的主要发展阶段

版式设计发展经历了漫长的过程。它的出现主要是由于文化和经济发展，信息量增加，早期的交流和传播模式已经无法满足文化和文明延续的需求。纸张的出现，使以手稿记载历史成为现实，而印刷技术的出现为信息的广泛传播提供了更广阔的渠道。这一点无论在东方还是西方都有相似性。

慕课视频

版式设计的
发展历程

1.2.1 早期的版式设计

在人类文明发展的早期阶段，无论是岩壁绘画还是兽骨刻写，都具有原始的排版意识。下面两个案例中，一个是甲骨文排版，另一个是埃及石刻排版。从这两个案例中可以看出，人类在早期信息传递的过程中，无论是横向排列还是纵向排列，均特别注重版式清晰的布局。

甲骨文、埃及石刻

1.2.2 中国的竖式排版

中国版式设计的独特性源于在简牍上书写文字的方式，简牍背面标有篇名和篇次，将其卷起时，文字内容呈现在外侧，方便阅读和查找。简牍誊写的出现奠定了中国竖式排版的传统，使人们形成了从右至左、从上至下的阅读习惯。这一排版方式至今仍见于某些信

3

息传播媒介（书籍、杂志、画册）中。

简牍中的竖式排版

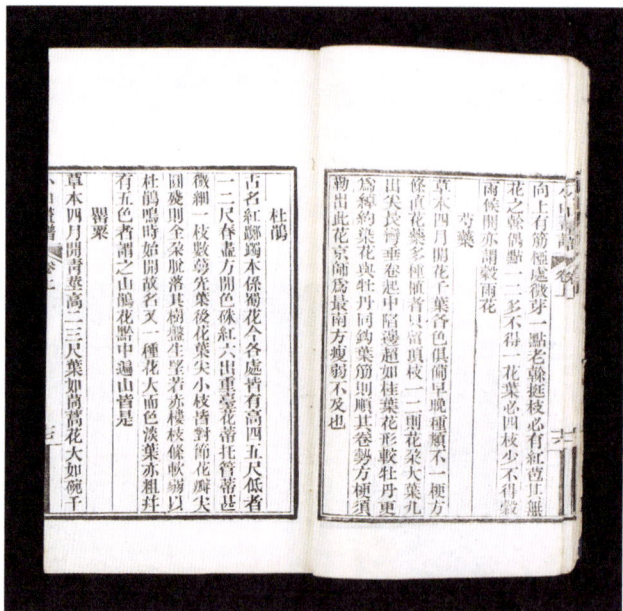

线装书中的竖式排版

1.2.3 西方的横式排版

在欧洲，早期的手抄本奠定了西方版式设计的雏形。由于约翰内斯·谷登堡[①]活字印刷术的发明以及受第一次工业革命的影响，1845年，改良后的印刷机器使垂直版式设计取得了主导地位。这种版式以竖栏为基本单位，文字横向排列，具有文字小、图片小、标题不跨栏的特点。

---

① 约翰内斯·谷登堡（Johannes Gutenberg），约1400年出生于德国美因茨，1468年2月3日逝于美因茨，是欧洲第一位发明活字印刷术的人，他的发明比中国的活字印刷术晚了约400年，在欧洲引发了一次媒介革命。其印刷术在欧洲迅速传播，并被视为欧洲文艺复兴在随后兴起的关键因素。除了其在欧洲发明的活字印刷术对印刷术的发展有着巨大贡献，他还合成了一种十分实用的含锌、铅和锑的合金以及一种含油墨水。

欧洲手抄本

欧洲分栏印刷书籍

1.2.4 现代版式设计与新媒体版式设计

20世纪60年代，人们对版式设计的重视达到了前所未有的程度。版式以色彩和图片为基础，文字和图片组合传递信息的形式更加灵活。这首先体现在西方出现了各种新形式的自由版式设计，各种类型的个性版式设计也应运而生，随后也影响和丰富了东方的版式设计。

随着科技的发展和信息化传播方式的多样化，许多新媒体也快速发展，互联网、计算机、手机、平板电脑等交互媒介中的信息传递也需要清晰有效的版式设计和布局，由此而产生的信息设计、交互设计、UI设计中的版式设计形式有了新的发展和变化。

扩展图库

现代版式设计

扩展图库

新媒体版式设计

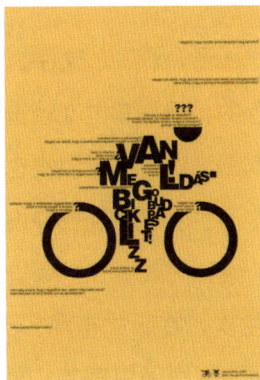

以文字为元素组合成图形的招贴设计

手机UI设计

1.3 版式设计的程序

版式设计的最终目的是有效地传播信息，追求主题和形式的统一，设计的过程也是力求从视觉到内容的不断完善。版式设计的具体应用方向很多，如书籍版式设计、包装版式设计、招贴版式设计、宣传单页版式设计等，其所针对的读者在年龄、职业、性别等各方面均有不同。这就要求版式设计要从定位读者群入手，明确设计风格。

1.3.1 定位读者群

在排版的过程中，未经任何思考的编排或为了追求形式美而将版式设计得过于花哨都是不可取的。版式设计要以读者群为核心。例如，儿童书籍一般要求图多字少；年轻人看的书要色彩明快、个性、时尚；老年人看的书的字号要稍大一些，版式要规整，符合常规的阅读习惯。读者群的定位是版式设计首先要解决的问题，设计师根据读者群的不同而定位版式风格和布局版式结构，结合载体量体裁衣，才能够更好地、有效地传达信息，树立版式形象，得到认可。

思考下面这个商业广告案例，想一想为何设计师会这样构思，版式形象如何才能做到突出、简洁。该案例的核心在于，设计师首先分析了作品是一则用于在户外展示的大型广告，关注这则广告的是匆匆来往于路上的行人，如果想让匆忙的行人在较短的几秒钟内就对这则广告有印象甚至记住它，只有以言简意赅的图形创意构思作为主体，搭配极少量的标题文字才能够达到期待的效果。

1.3.2 明确信息主体

商业广告设计

在版式设计中，图形、图片、文字、色彩在多数情况下是并存的，但是其主次轻重却有不同。招贴广告多以图说话，儿童读物也是如此；而文学期刊以字为主。要表现各种设计要素在版式中的轻重，设计师就要在排版过程中明确各设计要素的主次，在版式布局、比例、色彩选择、层次安排上均要做出思考，这样才能更好地体现信息传达意图。

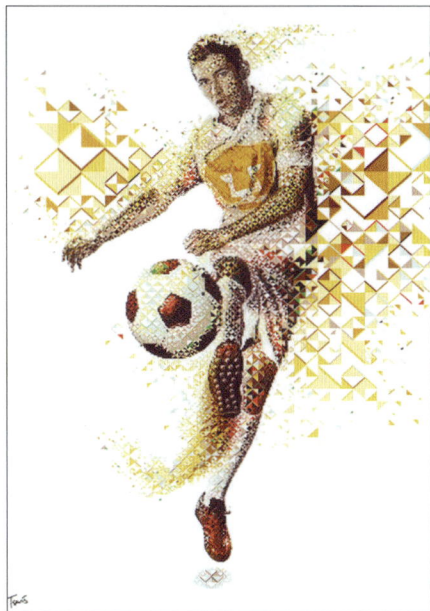

佳得乐商业广告

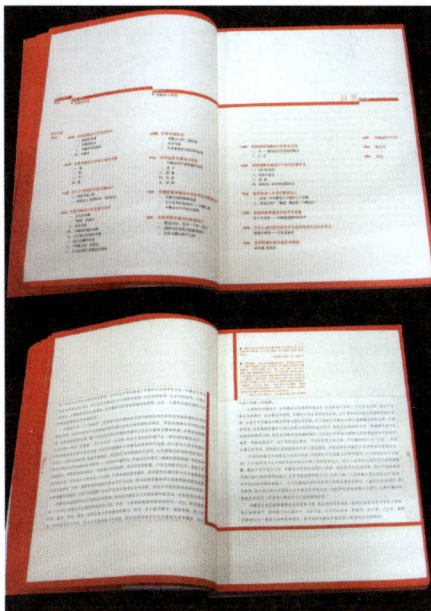

国际主义风格书籍设计

1.3.3 确定版式设计流程

在做设计之前，设计师要对设计内容或对象的背景进行了解。无论是给公司做产品宣传，还是设计一套画册，设计师均需要在此过程中收集资料、进行分析，确定自己的设计方案，然后根据自己的设计方案安排设计内容，这是行之有效的版式设计流程。再者，手绘草图是实现版式构思的重要一步，有助于实现构思的完整性。最后，运用Photoshop、Illustrator、InDesign等设计软件（之后的综合项目实战会以案例的形式介绍和使用）完成制作稿。

在确定设计内容后，设计师可以对版式设计的基本步骤做简单分析：首先建立空白页面，其次划分版式布局，最后根据信息主次按照一定顺序排列各个要素。

版式设计流程

① 了解主题、熟悉背景、明确设计宗旨

② 进行信息分析

③ 确定设计方案和表现风格

④ 手绘草图

⑤ 电脑辅助完成制作稿

版式设计流程

1.4 综合项目实战——版式设计分析

慕课视频

版式设计案例
分析和小结

慕课视频

实战案例
设计分析

通过分析几个版式设计风格和使用类型不同的案例，初步了解版式设计。

小结

通过本章的学习，读者可以了解版式设计的概念，了解版式设计的发展阶段以及每一个阶段版式设计的主要展示特点，掌握版式设计的程序，为后面各章的具体学习奠定理论基础。

思考

1.版式设计的概念是什么？

2.版式设计经历了哪几个发展阶段？

3.进行版式设计为什么首先要了解主题、熟悉背景？

4.版式设计流程包括哪几步？

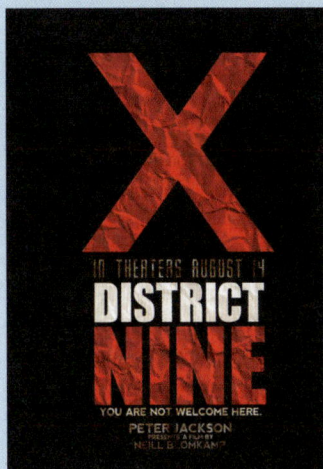

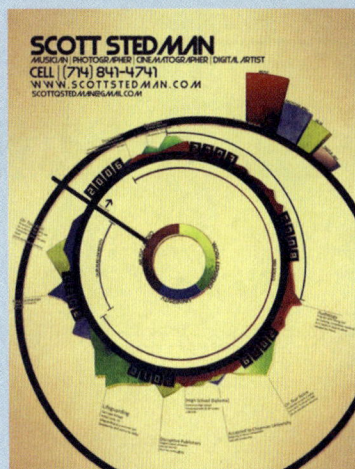

02

第2章　版式设计要素

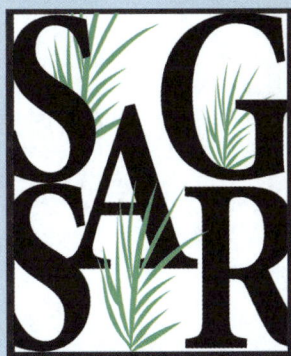

　　本章的主要目的是让读者通过回顾视觉的基本构成要素点、线、面的特点，合理地联系版式设计中的图片、文字、色彩内容，有效地组织和传达，形成信息层次明确、视觉流向清晰、画面美观的版式效果，提高传达的品质和质量。

2.1 版式设计要素的内容

慕课视频

版式设计要素
的概述

版式设计不能脱离图片、文字、图形和色彩这几个要素，但设计师有时因为过于关注这些个体而忽略了每一个要素在版式中的定位。有效地组织运用这些要素，关键在于正确把握版面构成。众所周知，视觉的基本构成要素是点、线、面。点、线、面的不同组合方式会产生不同的视觉效果，而具体到版式则要学会将具象要素进行联系并转化成点、线、面，即将文字、图形、图片、色彩归结到点、线、面的组合上，然后用点、线、面的特点属性对版式布局进行整体把握，"要素构成"对于支配版面要素布局十分重要。下面就将两方面内容联系起来分析版式设计要素的内容。

2.1.1 点的编排

点是最基本的形。版式设计意义上的点，必须是可视的。点可以是一个形，也可以是一块色彩，点可以以任何一种形态呈现。点在空间的大小上可以与线和面区分开来，但它们之间的界限是相对的、可变的。联系具象的版式设计要素，点可以是一个字、一个符号、一个色点、一个形状、甚至是一张图片。

手机界面中的icon点

招贴设计中的点

慕课视频

版式设计中
点的表现

点在版面中可以组合形成其他要素。重复的点可以形成线，版式设计中横向或纵向排列的文字就是点形成的线。文字或字体本身经过结构的拉伸也可以形成线。

包装设计中字体成为线的表现形式

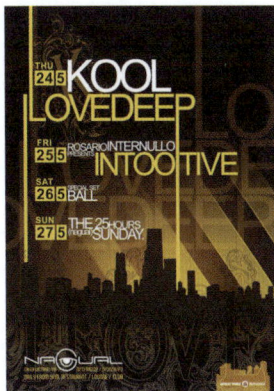

招贴设计中文字形成的线

　　点横向或纵向重复延伸可以形成不同形态的面。点本身在版式中通过面积的变化也可以形成面。

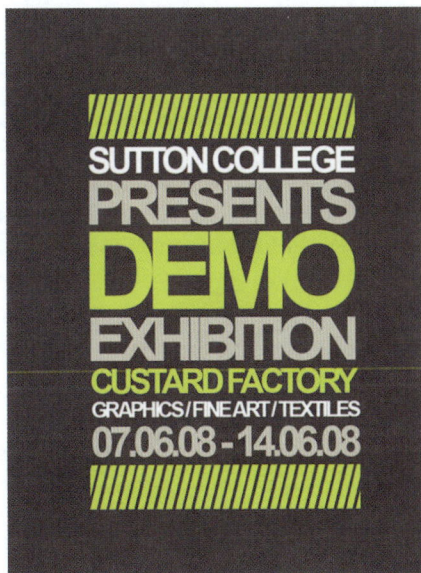

招贴设计中文字形成的面

包装设计中比例夸张的文字形成的面

　　点在版式设计中有许多作用。首先，点能够成为画面中心，成为画龙点睛之"点"，成为视觉焦点。其次，点能够点缀画面和活跃气氛。点可以和其他形态组合，起平衡画面轻重、填补空间的作用。例如在一些过于严肃的版式中，可以运用面积很小的符号和色块调节版式的气氛。总的来说，点是一个变化形式较多、较为活跃的要素。

2.1.2　线的编排

慕课视频

版式设计中线
的表现

　　线是点的发展和延伸。线的形式在版式设计中是多样的。线有形状、色彩、肌理等多种变化，线是有性格的。线可表达运动或静止的状态，具有长短、粗细、深浅等变化。组合起来后，线的变化与性格及其表达力更是倍增。

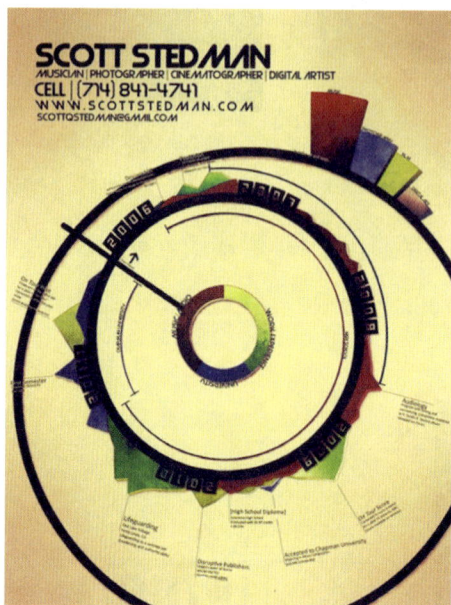

信息海报设计中细腻流动的线串联起各个要素

招贴设计中有肌理的水彩线条延伸了画面空间

　　线在版式设计中可以构成各种装饰元素及各种形态，起到分隔画面形象的作用。线在视觉上要占一定的空间，它的延伸能够带来一种活力，它能够串联各个设计要素，可以分隔图像和文字，可以增强画面动感，也可以起到平衡画面的作用。因此，线的作用主要体现在：界定分隔画面空间；通过其自身粗细、曲直、色彩的变化形成不一样的肌理效果，达到烘托主题的目的。穿插的线还可以组合成面。如果联系到具体内容，线可以是一行文字、一个变化的图案或图形。

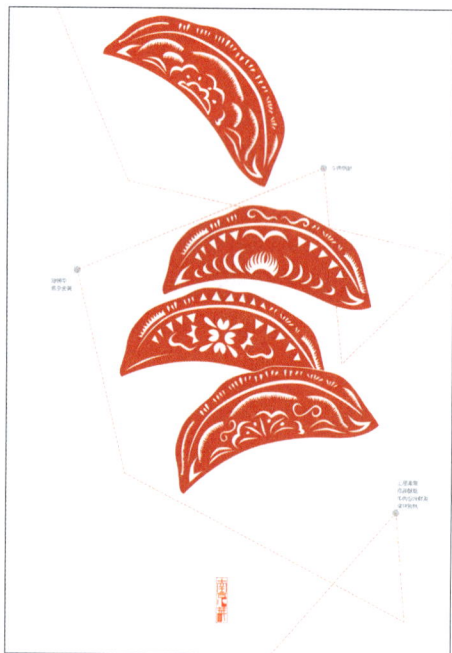

招贴设计中线活跃了画面气氛

网页设计中线分割了空间

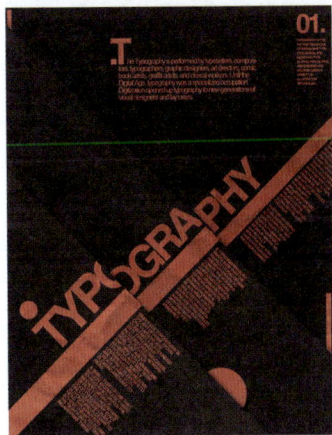

招贴设计中文字排列形成的线组合成面

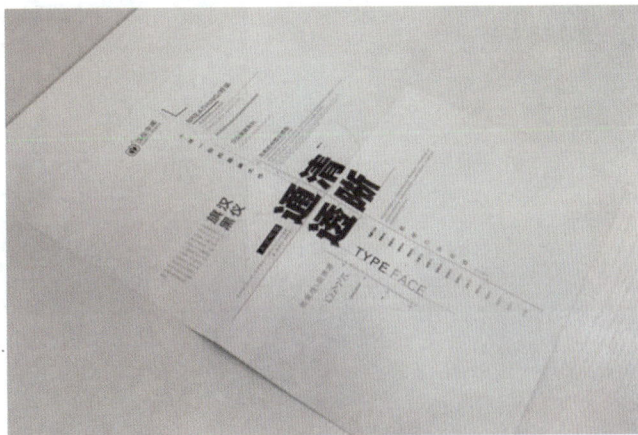

单页设计中线划分了画面空间，使文字排列更加清晰

2.1.3　面的编排

　　面是点和线的发展与延续。从平面设计的意义上讲，面就是在平面上展开的形。面是各种基本形态中最值得关注的要素。它包括了点和线，如

慕课视频

版式设计中面的表现

13

果有空间大小等条件的存在，面也可以转化为点和线。面可以理解为线重复密集移动的轨迹，也可以理解为点的放大、集中或重复。另外，面在版式中具有平衡、丰富空间层次以及烘托和深化主题的作用。落实到具象的版式设计要素上，面可以是一个字符、一张图片、一个图形、一个符号，也可是一组文字、一组图片或图形。

手机界面设计中明快的面

商业广告设计中图形和图像形成
有前后层次的面

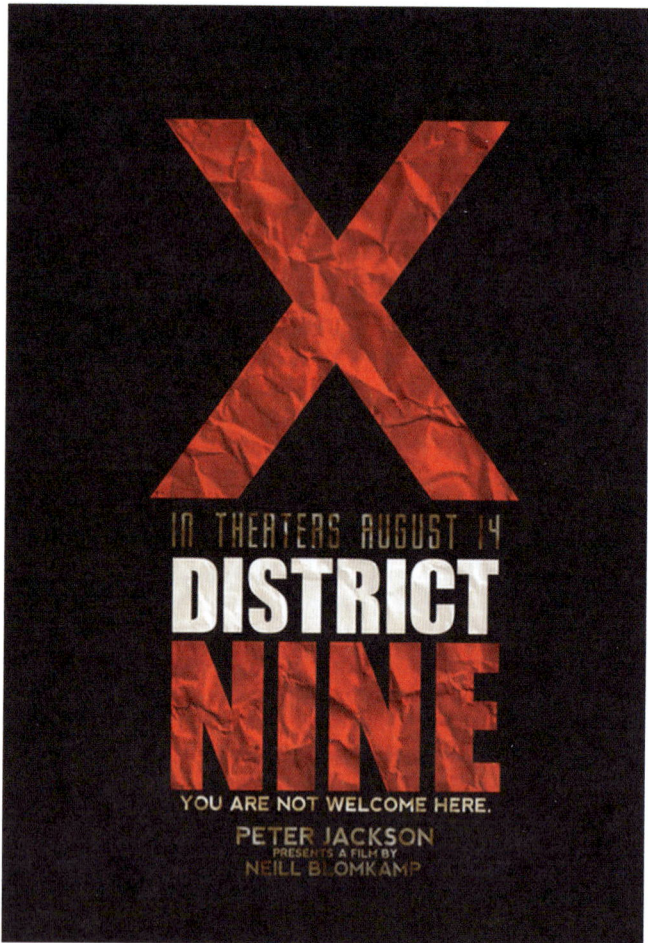

招贴设计中文字形成的面

　　总之，版式设计中有具象和抽象两种要素类型。所谓具象要素就是图片、图形、文字、符号，抽象要素则为点、线、面。多数版面至少需要两种要素的组织和穿插，而多种要素的合理组织可以形成更丰富的版面效果。在版式设计的过程中，若能灵活运用抽象要素的特点，将具象要素的使用与其对应，最终呈现的排版效果会更好。

慕课视频

具象要素与抽象要素使用知识点总结

扩展图库

版式设计的要素

2.2 综合项目实战一 ——版式设计要素的转化

下面以一个简单的案例分析如何完成版式设计要素的转化。

案例提供了三组素材，均有图形和相配的文字。在设计制作前，首先要思考这些具象要素可以作为哪一种类型的抽象要素在版面中使用。

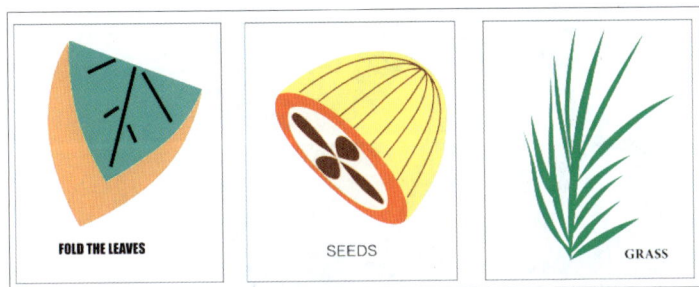

三组图形与基本文字素材

具体操作步骤如下。

（1）在第一组素材中，可以将叶子图像的比例增大，形成面的效果，同时将文字"FOLD THE LEAVES"打散，缩小其在画面中的比例，在布局时，可以适当调整其疏密，如图所示，这样就形成了面与点组合的效果。

（2）在第二组素材中，可以将种子图像的比例缩小，同时复制并平均分布种子图像，文字"SEEDS"可以结合图像部分，叠加形成整体的点的排布效果。如图所示。

（3）在第三组素材中，将文字"GRASS"拆分并放大比例，使之形成

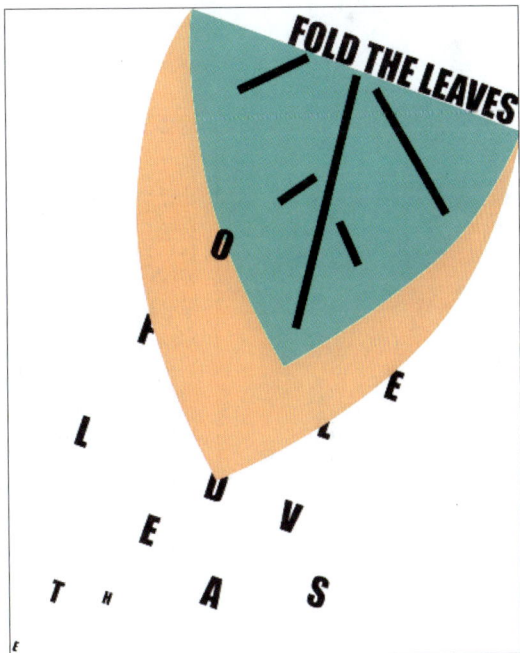

将第一组素材以点与面属性表现重新排版效果

画面中的面，同时将图像穿插其中，以形成有肌理效果的线。这样两种基本要素就可以形成线和面的组合效果。如图所示。

实际上，通过以上方式可以设计出更多的点、线、面的变化组合，如果能够将此思路运用于更加具体的实际设计中，那么，所呈现的版面效果将是丰富多样的。

将第二组素材以点的属性表现重新排版效果

将第三组素材以线与面的属性表现重新排版效果

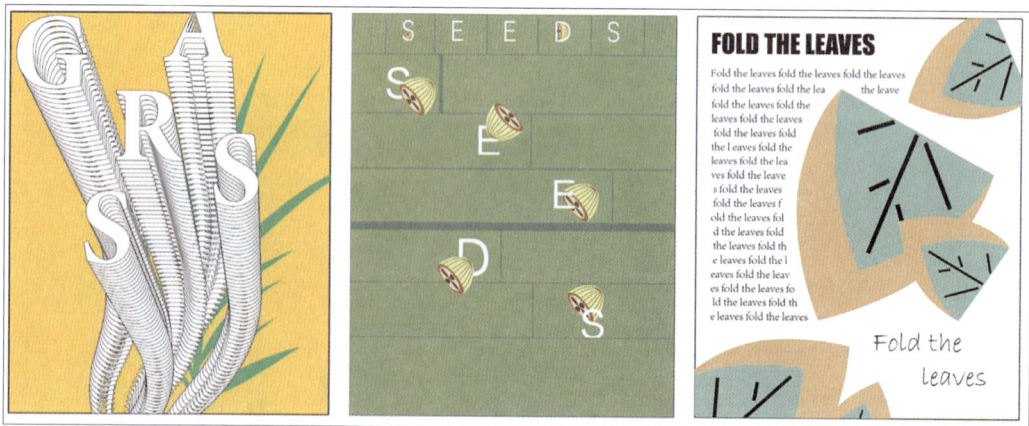

慕课视频

版面的肌理颜色与空间

运用三组素材分别完成的点、线、面组合排版样式一

运用三组素材分别完成的点、线、面组合排版样式二

运用三组素材分别完成的点、线、面组合排版样式三

2.3 综合项目实战二 ——版式设计要素转化（个性文字卡片设计）

下面结合汉字设计个性文字卡片。

要求：第一，以汉字为内容进行版式设计，同时能够体现出点、线、面的特点；第二，作品尺寸89mm×54mm，分辨率为300ppi，颜色模式为CMYK。

作业展示以下面这个案例为参考。第一幅作品中名片的主要信息以面积很小的文字排

17

在版面左上角和右下角对称的两侧，形成点的变化。第二幅作品将文字信息的结构延伸拉长，形成线条效果，辅助信息也以常规的文字排列，形成线的效果。第三幅作品让文字撑满整个版面，将字体结构中空的地方填充成块面，形成鲜明的块面效果。无论是阿拉伯数字、汉字、拉丁文，还是其他文字都能够巧妙地进行变化，结合点、线、面的特点在版面中形成不一样的效果。

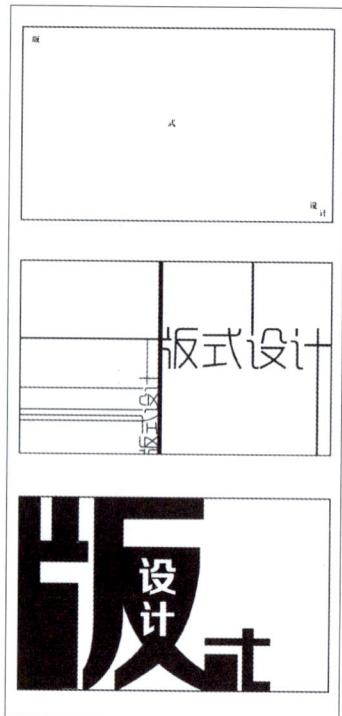

"点""线""面"文字设计作业展示

慕课视频
版式基本要素的转化（文字卡片设计）1

慕课视频
版式基本要素的转化（文字卡片设计）2

小结

本章的主要目的是使读者理解版式设计抽象要素（点、线、面）与版式设计具象要素（图片、文字、图形、符号等）之间的对应转化关系，能够在版式设计过程中灵活地将二者联系起来进行页面的布局和设计，更好地将各要素在版面上进行合理的搭配、变换和组合。本章的内容也是为读者后续具体元素知识的学习、项目演练以及综合项目实战做好形式构成上的准备。

思考

1. 平面构成三要素是什么？

2. 版式设计要素包括哪些？

3. 简述版式设计要素与平面构成要素的关系。

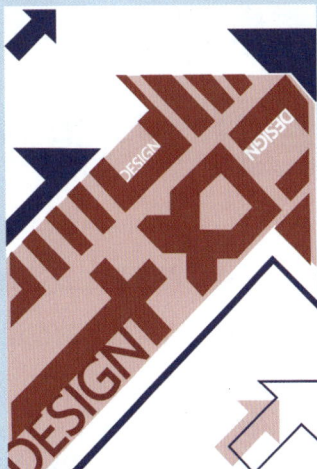

03

第3章 版式设计的构图、视觉流向与视觉语言

在排版过程中要取得视觉上的突破，就必须在结合版面构图的基础上，针对版式设计要素，做主次、先后关系上的安排。由于受到长期以来阅读习惯的影响，在阅读的过程中，读者往往会从左至右、从上而下浏览信息。大多数版面的整体视觉流向也是按照这样的顺序安排的。但有时为了达到不同的信息呈现效果和意图，设计师也可以通过一些方式调整常规视觉流向，在版面中形成新的视觉主次、先后关系。版式的视觉流向就是设计师在排版的过程中，特意采用某种要素或要素组合进行显性或隐性的引导而形成的阅读先后顺序。

3.1 版式设计的构图

版面构图承担的是版面基本框架的搭建任务。在确定设计主题和设计对象的前提下，对设计素材进行基本的整理后，首要任务就是运用设计素材进行构图框架的设计和构思工作。在常见的版式设计中，构图方式有以下几种。

慕课视频

版面的构图1

3.1.1 平衡式构图

平衡式构图为最常见的稳定构图，一般以水平、垂直或者水平垂直相交叉的方式展现。此种构图方式平稳、端庄、大气。

招贴中的平衡式构图（垂直）

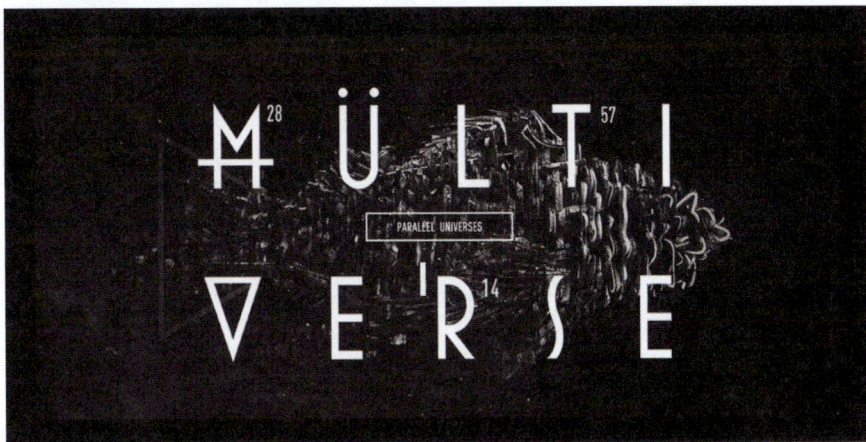

海报中的平衡式构图（水平）

3.1.2　重心式构图

　　版式设计中的视觉重心是指整个版面最吸引人的位置。不同的版面中，视觉重心的定位也不一样。由于现代人的阅读习惯是由左至右，版面右侧是终止处，因此视觉重心偏向画面的右侧，给人局限、拥挤的感觉；视觉重心偏向左侧，给人自由舒适轻松的感觉。同样，由于东西方的阅读习惯都是从上至下，版面下方为终止处，因此视觉重心靠下方，给人下坠、压抑、稳定的感觉；视觉重心靠上方，给人轻快、上扬的感觉。视觉重心可以通过色彩对比，内容的疏密变化、大小变化、虚实变化形成。

海报中的重心式构图

商业广告通过虚实变化形成视觉重心

3.1.3 曲线式构图

慕课视频

版面的构图2

同一版面中的文字和图片在排列结构上形成曲线型的趋势，能够使版面产生自由灵活、优美的效果。采用曲线式构图能使版面看起来圆润柔软，引导人的视线随着曲线轮廓的自由走向移动。

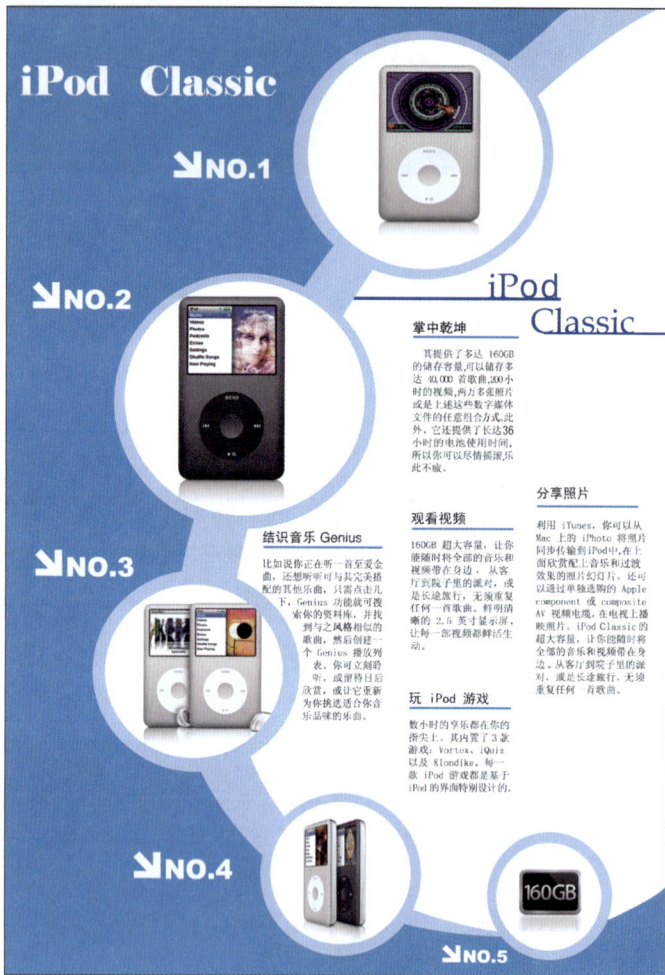

宣传单页中的曲线式构图

3.1.4 三角式/对角式构图

三角式构图是指在版面中形成正立或者倒立的三角形结构，正立的三角式构图使版面看起来稳定中有变化，而倒立的三角式构图会大大增加版面的不稳定性和活跃性。对角式构图以版面四角为基础，并沿着对角线方向安排设计要素。对角式构图能够使版面在看似不稳定中形成稳定感。

文字招贴中的三角式构图（正三角稳定构图）

书籍宣传海报中的对角式构图（左上与右下的对角）

3.1.5 反复式构图

反复式构图就是相同或相近的元素反复排列在版面中，给人以视觉上的重复感受。好比文字表述中的排比句可以增强语气一样，重复元素的使用能够强化视觉效果，给人统一和连续的感觉。需要注意的是，运用这样的构图方式，要在相同中找差异，在整齐中求变化。微小的变化不但能够吸引读者的眼球，还能避免版面趋于平淡，突出视觉重心。

3.1.6 重叠式构图

重叠式构图是指将版面要素叠加排版。在叠加的过程中，如果能够合理协调块面和色彩，会使整个版面看上去更丰富而有整体感。

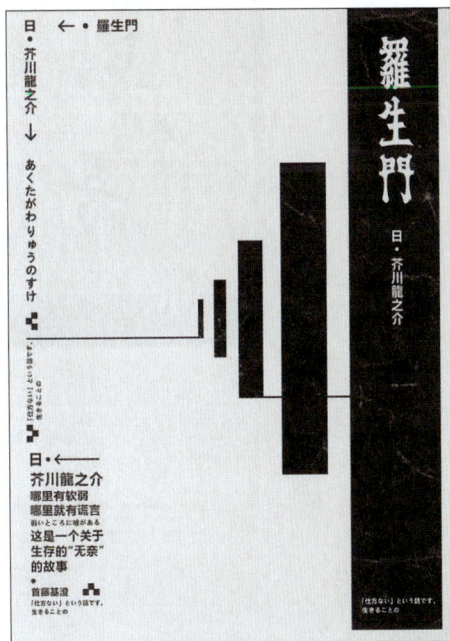

书籍封面中的反复式构图

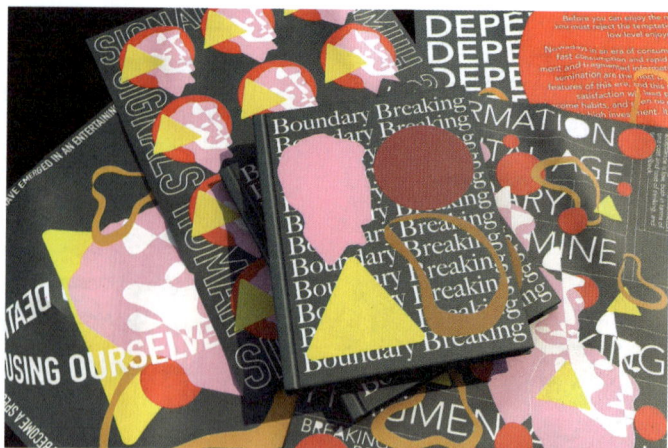

书籍封面中的重叠式构图

3.1.7 导向式构图

慕课视频

版面的构图3

导向式构图指将特定的符号或其他要素（特别是箭头方向线等符号）布局于版面中，以起到引导视觉流向的作用。这种构图在书籍、宣传册、信息图表等连续的版式设计中十分适用。

杂志中的导向式构图

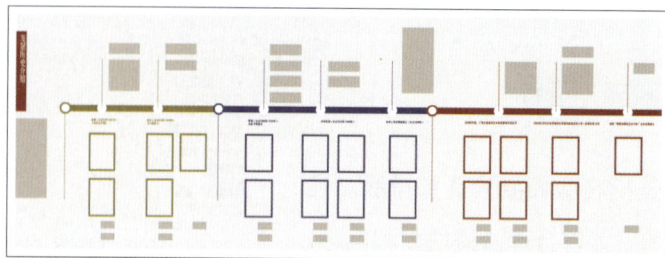

信息图表框架中的导向式构图

3.1.8　向心式构图

向心式构图是指利用设计要素在版面中心或者靠近中心的区域形成视觉要点，其目的就是直接利用中心引发视觉关注。

3.1.9　散点式构图

散点式构图是将设计要素在版面中打散，营造一种自由变化的效果。散点式构图看似散乱，实际上无论是在元素表现还是在色彩呼应方面都有统一性，因此散点式构图能够呈现形散神不散的效果。

书籍封面中的向心式构图　　　　　　　　书籍封面中的散点式构图

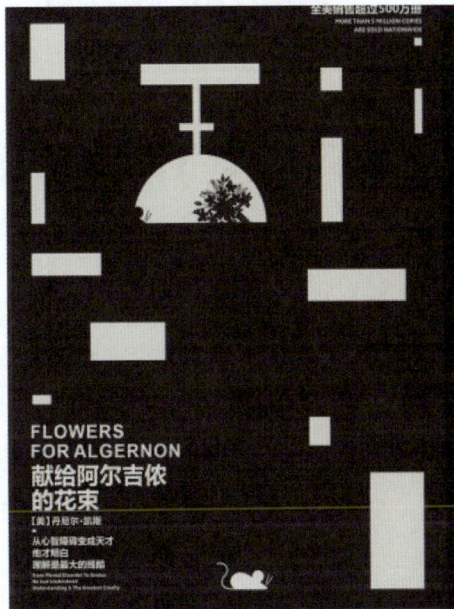

3.1.10　立体式构图

立体式构图可以为版面营造透视空间的效果，形成不同视角的呈现方式。

如果将以上10种常见的构图方式用简单的示意图进行归纳，则如下图所示。现代版式设计要求主次明确，信息层次分明，无论是图片、文字，还是色彩、图形，均追求主次、强弱的空间关系，以增强版面的节奏感。因此，根据主题采用合理的构图方式可以更好地完成设计要素在版面中的呈现。在很多版面设计中，往往存在两种甚至多种构图方式穿插结合使用的情况。

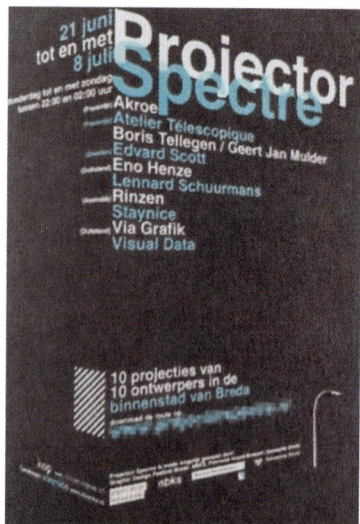

立体式构图的文字海报设计

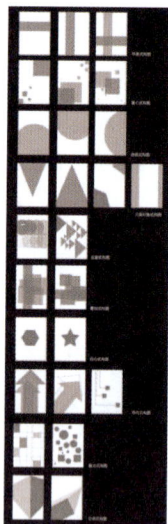

十种常见构图形式的示意图

3.2　版式设计的视觉流向

　　在构图的基础上，如何安排视觉流向也是设计师需要重视的问题。视觉流向分为常规和非常规两种，而视觉流向的安排受到空间、色彩、角度等多种因素的影响。正常的视觉流向是从上至下、从左至右的。下图有16种常见的版式设计样式。在每种版式设计样式中，常规的视觉重心在版面的左上侧（在系列图2中用咖啡色圆点标注），但是设计师可以通过颜色（明暗、冷暖）、大小比例等调整改变版面的视觉重心，从而产生新的视觉流向（用灰紫色块标注调整过的视觉重心）。视觉重心可以通过对视觉要素颜色、大小的调整完成。另外，运用常见的构图方式本身就可以帮助设计师形成初步的视觉重心和视觉流向。

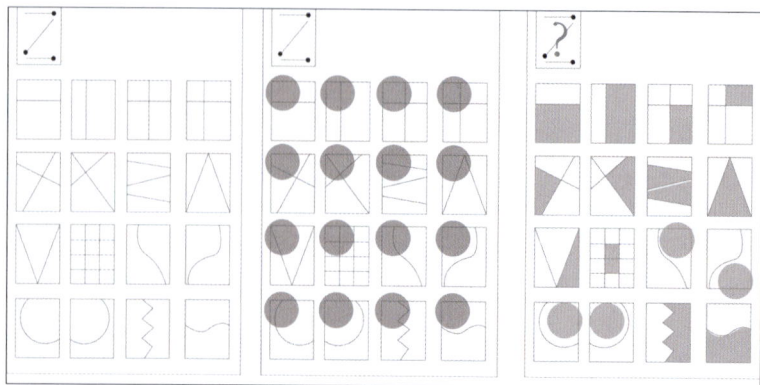

从常规视觉重心到非常规视觉重心的变化

3.3 版式设计的视觉语言

慕课视频

版面的视觉流向
和形式语言2

视觉语言实际是从更抽象的角度理解和分析版面，在平面构图中所运用的对比、平衡、对称等方式就可以提炼为视觉语言。而在调整要素大小、位置、色彩，以及运用构图和营造视觉流向的过程中，视觉语言所产生的效果均会展现在版面中，并带给读者不同的感受。

3.3.1 对比

在版式设计中，为了分清主次，显示版面层次性，形成鲜明的视觉效果，常用的一种视觉语言形式就是对比。对比可以通过颜色、大小、肌理表现、位置布局等多种手段形成，如下图中，采用红色和白色的搭配形成对比，同时也给文字信息留出排版空间。

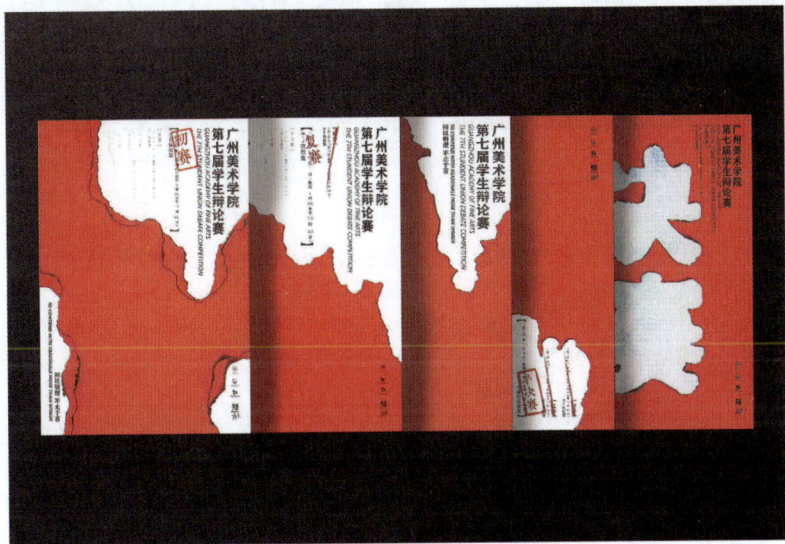

对比的版面效果

3.3.2 平衡

平衡也是版面设计常用的视觉语言，包括绝对平衡和相对平衡。绝对平衡是指以版面中心为基点，结合要素形成左右、上下平均布局和分配的版面效果。相对平衡在现代版式设计中运用得较多，通过颜色、内容比例、版面位置的布局营造一种相互呼应的效果。下面两个例子中，电影海报使用红色和黑色的搭配形成左右的平衡，虽然不是绝对呈垂直平分线对称，但是版面整体是相互制约的。第二张海报通过左上与右下，右上与左下4个明显的颜色块面的布局营造相对平衡的版面效果，虽然每个块面大小不一，但是版面整体是稳定的。

平衡的版面效果1

平衡的版面效果2

对称的版面效果

3.3.3　对称

对称和绝对平衡的视觉语言有相同之处，两者往往同时在版面中出现。例如下面的海报设计采用左右对称的方式形成一种绝对平衡，展现庄重、稳定的版面效果。

3.4 综合项目实战——商业招贴设计

下面我们根据提供的图片素材，以"中国黄金"为主题制作一张商业招贴，要求画面有明确的视觉流向，版面构图清晰。设计构思与步骤提示如下。

为珠宝做商业招贴，图片是画面中最重要的视觉要素。另外，商业招贴无须太复杂，做到简洁、大气、明确、能够传达主题即可，所以结合，素材可以选择简单的平衡式构图。

商业招贴素材

（1）选择平衡式构图（垂直构图）营造整体视觉流向自上而下的效果。由于视觉的终止点在画面下方，可以将素材放置在下方以形成稳定的版面构图。

（2）给画面配色，背景用紫色显得尊贵，同时紫色和图片素材中的金属黄色能够形成对比。文字可以沿着视觉流向自上而下分主次（通过字号大小的调整以及字体粗细的对比）排布。

（3）至此，版面的整体风格效果已经呈现，我们可以从设计要素上进行分析和调整。版面中的块面要素较为清晰，缺少线和点的要素，因此可以沿着视觉流向强化线的引导作用。

确定构图（平衡式）和视觉流向（自上而下）　　　　设定颜色并根据视觉流向排布文字

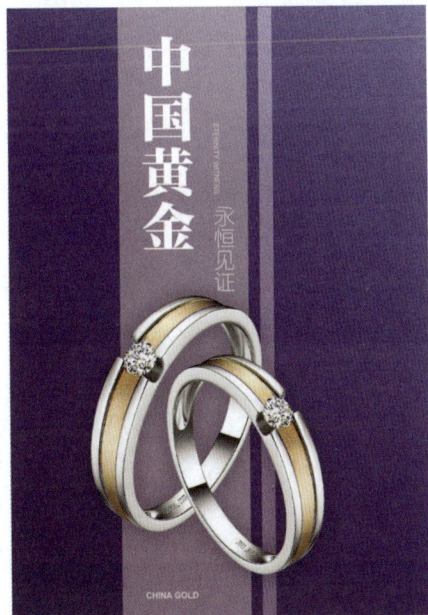

（4）在细节部分增加弯曲的缎带效果，一方面营造画面的空间性，另一方面增加细节元素的表现力，完成制作。

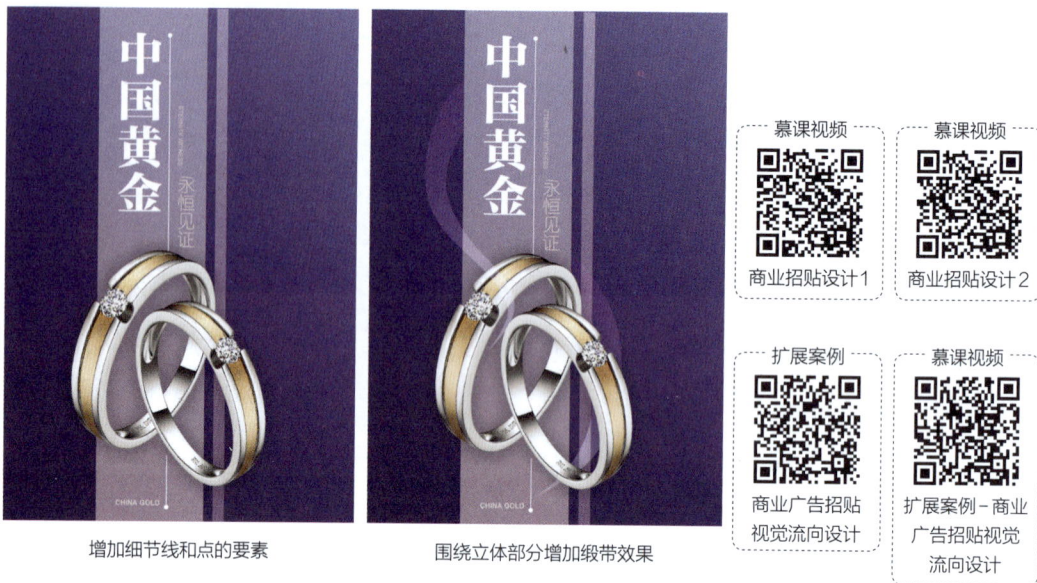

增加细节线和点的要素

围绕立体部分增加缎带效果

慕课视频

商业招贴设计1

慕课视频

商业招贴设计2

扩展案例

商业广告招贴
视觉流向设计

慕课视频

扩展案例－商业
广告招贴视觉
流向设计

3.5 综合项目实战二——公益招贴设计

此项目实战需要根据提供的图片素材，以"中国医生"为主题制作一张公益招贴，要求画面有明确的视觉流向，版面构图清晰。设计构思与步骤提示如下。

公益招贴需要根据主题定位构图，此类主题较为严肃，所以不太适合采用过于活跃、松散的构图方式。

海报素材一（医生形象）

海报素材二（城市形象）

（1）选择立体式构图，这样画面不仅有空间感，而且有力量感。

确定立体构图方式

（2）在构图确定的基础上，注意视觉流向的控制，可以将主题文字和图片放置在版面右半部分空间中，将视觉流向调整为从右至左。

明确视觉流向（从右至左）

（3）为了营造版面平衡的视觉效果，将人物素材放置在下方偏右的位置。接着分析并调整版面的要素，版面中间部分的要素鲜明突出，需要增加点和线的元素。

（4）添加点和线的元素，丰富版面构成元素。在颜色上形成增补，与医生图形颜色呼应。

添加人物素材形成对比增加稳定感

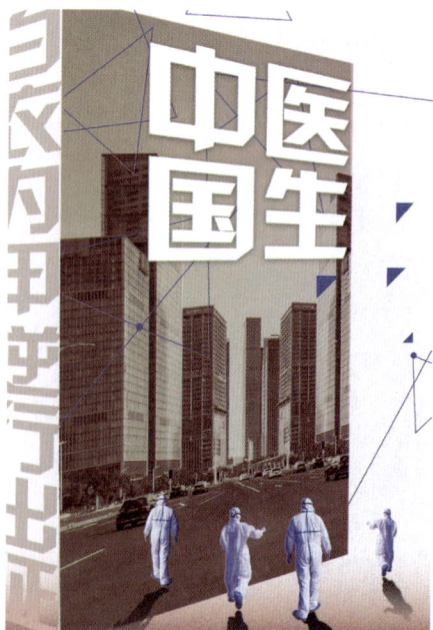

添加点和线的元素

慕课视频

公益招贴设计1

慕课视频

公益招贴设计2

3.6 综合项目实战三——简约文字招贴设计

使用"分享 share"和"设计 design"两组文字完成4组简单的视觉流向设计：第一，两组使用常规视觉流向；第二，两组使用非常规视觉流向；第三，制作过程中注意构图方式的运用。设计构思与步骤提示如下。

慕课视频

简约文字招贴
设计1

慕课视频

简约文字招贴
设计2

营造合理的视觉流向，首先要选择合适的构图方式，如果要调整常规的版面视觉流向，则需要通过色彩搭配、调整要素大小比例等方法实现。

（1）下图使用平衡式构图，将画面以水平和垂直的方式分割，结合颜色搭配的方法，形成符合一般阅读习惯的视觉流向。如"分享"版面（左上图与左下图）的视觉重心色彩为红色，自然形成左上侧内容突出的效果。"设计"版面（右上图与右下图）的视觉重心色彩为黄色与紫色形成的补色区域，自然也形成左上侧内容突出的效果。

（2）下面4张图使用向心式构图（左上图与左下图）和重心式构图（右上图与右下图）。向心式构图是将版面平均分成九等份，"分享"版面的视觉重心要调整到画面中央，通过冷暖色调的对比达到效果。重心式构图是将版面通过锯齿状分割形成左右两块区域，"设计"被置于版面右侧，版面左侧为留白，自然形成右侧内容突出的效果。

此案例虽然设计制作简单，但是简单的内容更能够体现构图与视觉流向合理巧妙地运用。

符合常规阅读习惯（自左而右、自上而下）的版面   特殊视觉流向（自中心而四周、自右而左）的版面

遵循以上思路和方法，可以运用同样的元素创作出不同的构图和视觉流向效果，而版面的视觉语言和设计要素也能够在其中得到合理的组织和呈现。

导向式构图与自左下而右上的视觉流向

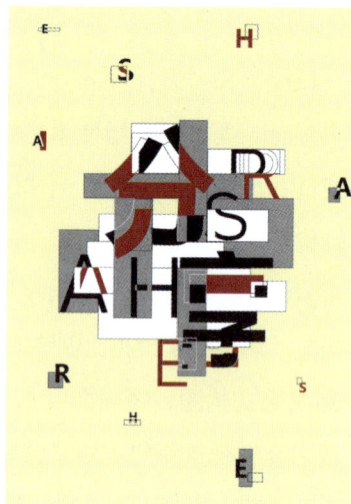

向心式构图与以中心向四周的视觉流向

小结

本章主要介绍版式设计中基本的构图方式，如何结合构图方式确定常规的视觉流向引导或者非常规的视觉流向引导，以及在此过程中视觉语言的合理使用。实际上，一个系统完整的排版往往是 3 方面并行的结果，从构图到视觉流向再到视觉语言和设计要素的合理采用，是设计出清晰、明快的排版作品的基础。本章内容也为后续设计和制作各种类型的版面（包括海报、画册、杂志、单页、电子书籍）提供了基本知识和技能储备。

思考

1. 版式设计的基本构图方式有哪几种？

2. 视觉流向可以通过什么调整？

3. 版式设计的基本视觉语言有哪些？

4. 在具体的版式设计过程中，以上 3 者有怎样的关系？

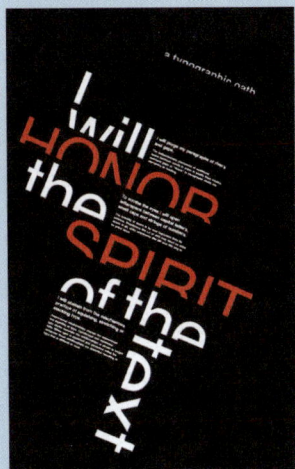

第4章 版式设计中文字的处理和表现

文字是版式设计中的重要构成要素，是人们交流和传递信息的重要手段。版式设计中，易读性是对文字进行设计的一条重要原则，而设计师承担了最终呈现的责任。要达到易读的效果，设计师首先要了解文字，文字是有性格的，就像每个人一样，不同性格的人具有不同的特色，不同性格的文字在版面中也承担着不同的作用；其次，应能够运用文字营造清晰而灵活的版面效果，拉开版面的信息层次。

4.1 版式设计中字体的样式和字体的性格

中文字体常见的有黑体、宋体、楷体，英文字体也有使用频率较高的几种样式。字体样式不同，产生的效果就不同，在版面中所承担的信息传达的作用也不同。比如黑体粗壮、鲜明、大众化，适合做海报的标题大字；宋体纤细、精致，适合表现正文内容；而楷体有手写的效果，可使版面更生动、亲切、人文意味突出。随着字体选择面的扩大，设计师需要分析各种字体的个性特点，斟酌使用，以便达到好的视觉效果。

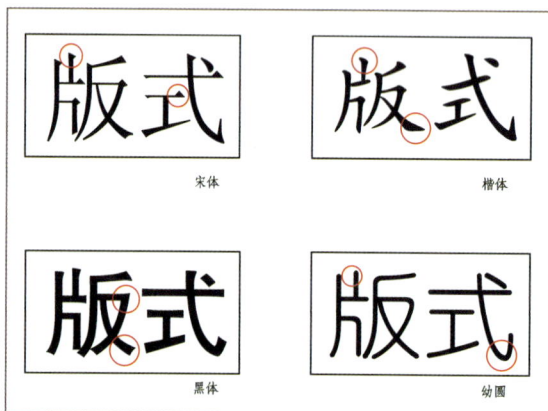

不同字体的笔画结构和粗细不同

慕课视频

字体的性格和样式

扩展图库

字体的性格

4.2 版式设计中文字的排列

文字的排列效果决定了阅读的效果。在版式设计中，常将文字排列成行或块面，或者不同轮廓效果的面。文字的排列方式有以下几种。

4.2.1 左右对齐式

左右对齐式是指文字从左端到右端的长度统一，文字段显得端正、严谨、美观。在常见的网格版式设计中，左右对齐式使用较多。

宣传画册中左右对齐式文字页面排版

4.2.2 齐中式

齐中式是指文字以版面中线为轴排列，其主要特点是使视线更集中，以加强对称性，突出中心。这种排列方式适用于招贴设计或者标题设计，在目录设计、菜单设计、电影片尾字幕设计中也很常见。

4.2.3 齐左或齐右式

齐左或齐右式是指文字内容在页面的左边对齐或右边对齐的排列方式。此种方式的排列使得文字块面的一端整齐而另一端能够自由张弛，从而产生节奏变化。其中齐左的方式较常见，符合大多数人的阅读习惯，齐右的排列方式在版面设计中虽比齐左式少，但合理使用可以使版面产生新颖的视觉效果。

菜单部分的齐中式字体排版

主题活动单页中齐左的文字排列方式

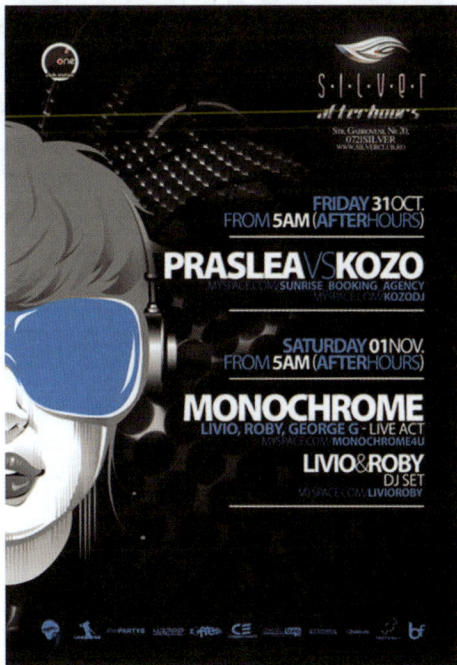

招贴设计中文字齐右式的对齐方式

4.2.4 倾斜式

倾斜式是指将文字整体或局部排列成倾斜效果，形成非对称的版面构图。运用这样的文字排列方式，可以形成动感和方向感较强的版式效果。倾斜式一般用于招贴设计中，但是随着个性化版式设计的出现，其在书籍版面设计和直邮单页版面设计中也变得常见。

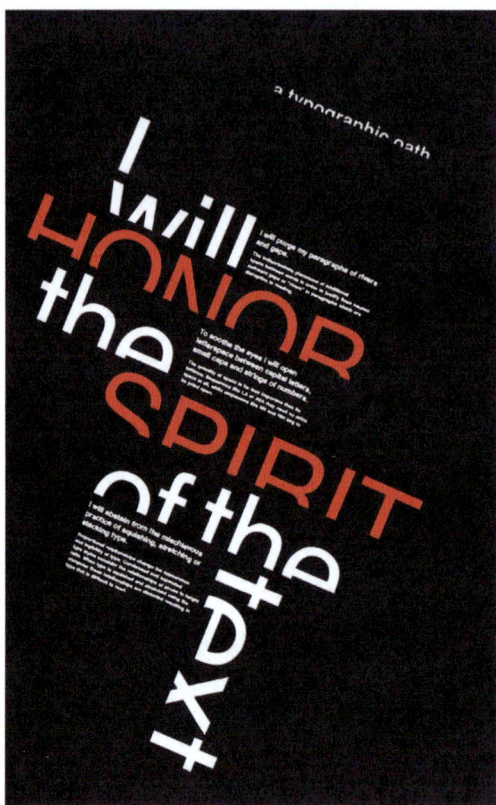

招贴设计中的文字采用向右倾斜的排列方式

慕课视频

字体的对齐

扩展图库

字体的对齐

4.3 版式设计中文字的层次性

文字是版式设计重要的构成要素之一，虽然很多现代版式设计作品以图片作为版面中的主导要素，但文字同样具有不可替代性，有时文字甚至是版面中的唯一元素。同图片的直观效果不同，文字是一种抽象的信息传达要素，容易造成视觉疲劳，所以设计师更需要对文字合理布局，有效调整阅读节奏，使文字在版面中形成明确的主次变化和鲜明的块面划分，这样才能够营造文字的层次性。

4.3.1　文字的磅值设置与层次性

文字排版要符合大多数人的阅读习惯，便于阅读。掌握文字的字距和行距十分重要。文字的磅值是指从笔画的最顶端到最低端的距离。常规书籍排版中正文一般使用9~12磅的字体，而标题字体可以大于等于14磅，注解字体通常为6~8磅。如果版面中字体的磅值小于7磅，阅读起来会比较费力，但同时版面看起来会较为精致。因此，文字的磅值调整可以很好地在版面中表明信息的主次关系。

文字在版面中分为标题、副标题、小标题、正文、注解等，因此文字磅值、字体的选择都有需要注意之处。

（1）章页字体设计

章页的文字是提示读者有一部分新的内容出现，因此文字需要有一定的视觉冲击力。傍值一般设定在14磅以上，在有的版面中可以更大一些，字体样式一般选择粗黑鲜明的，这样效果更加突出。

例如，可以将标题置于版面左上方，形成齐左排列。

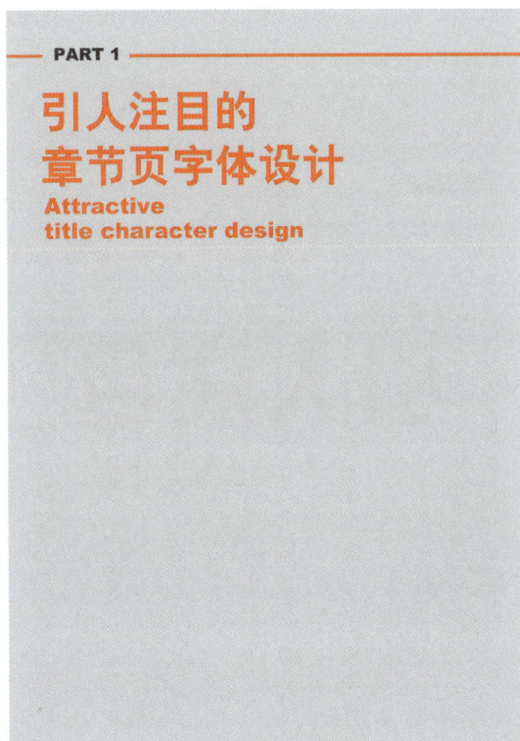

PART 1

引人注目的
章节页字体设计
Attractive
title character design

章节页文字置于版面左上方

慕课视频

文字的使用
——标题字体

可以将标题置于版面中央，形成齐中式排列。

章节页文字置于版面中央

可以将标题大胆放大。

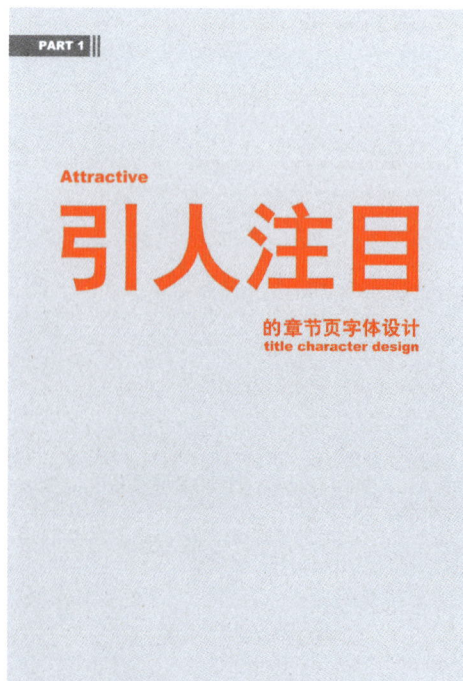

把章节页文字中最重要的部分放大

可以将满版的图片作为背景放置标题。

章节页文字在图片背景上的表现效果①

在图片作为背景的情况下，为了保证标题清晰、可识别，可以在标题出现的部位覆盖一层底色。

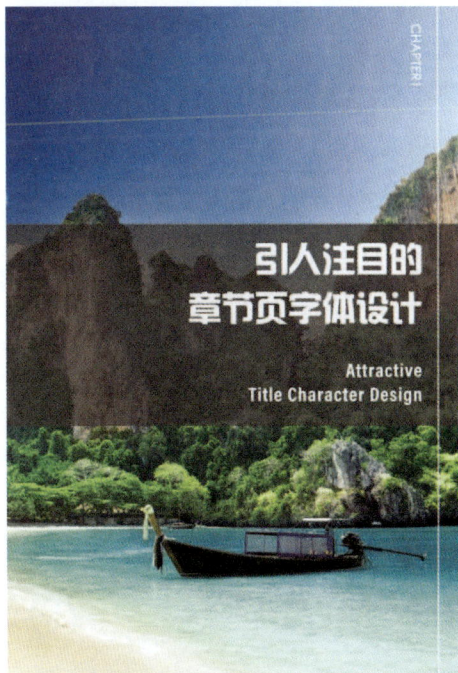

章节页文字在图片背景上的表现效果②

也可以在半透明的图片中插入标题。

章节页文字在图片背景上的表现效果③

（2）大标题字体设计

在商业广告招贴设计中，为了丰富和强化标题字体，还可以采用一些修饰方法。字体的磅值可以根据版面设定得更大，其目的也是突出标题信息。

给标题文字的轮廓加边框

只保留标题字体的轮廓

用虚线的形式表现字体轮廓

对标题文字进行颜色调整重叠

为标题字体添加阴影，形成空间效果

为标题字体添加圆形背景

为标题字体添加方形框

改变标题中每个字体的颜色

为标题字体的局部做色彩调整

对标题字体结构的中空部分进行填充，使局部形成块面

汉字标题字体的处理方法同样适用于英文字体。在具体版式设计过程中，为了能够达到预定的效果，还可以灵活地采用其他的字体表现方式，以上案例仅为初学者提供一些简单的借鉴和参考。

（3）中小标题字体设计

中小标题可以引导读者进入正文，分隔文字段落。在设计过程中，要注意中小标题的字体既不能超越或等同于大标题，同时又不能被正文所埋没。一般这类标题字体的磅值控制在14～16磅。针对此类标题字体，可以做以下调整。

慕课视频

文字的使用——小标题和注解文字

在上下两个段落之间留出3行文字的空间，将标题置于所留出空间的中间一行。

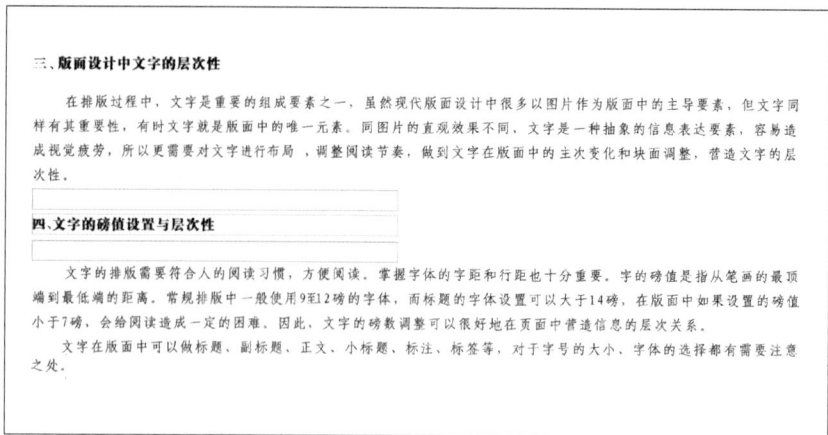

中小标题字体设计①

在上下两个段落之间留出3行文字的空间，将标题置于所留出空间的最后一行，紧贴下文。

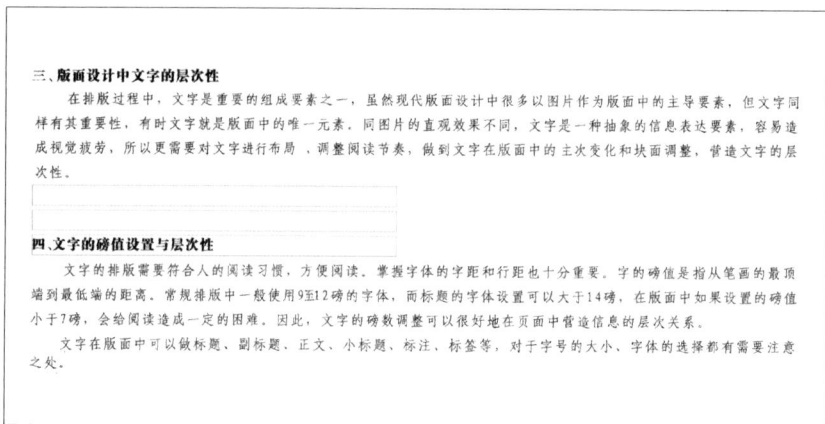

中小标题字体设计②

将标题设置在紧贴上一段落的位置，并用线将两者分隔开来。

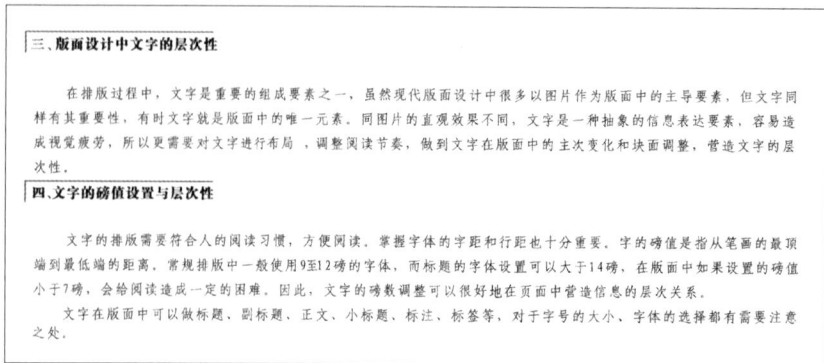

中小标题字体设计③

在正文的开头部分插入标题，同时用线将两者隔开。

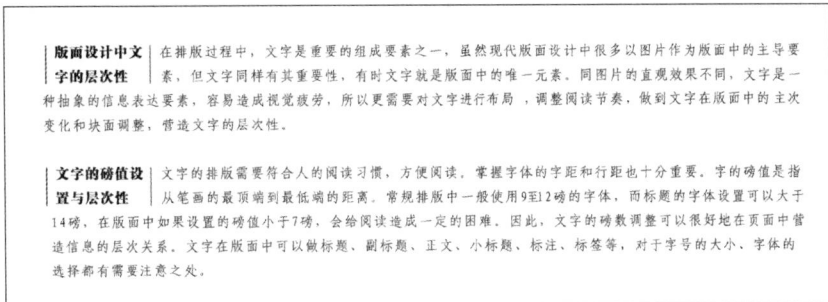

中小标题字体设计④

标题紧贴上一段落正文部分，在标题的开头和结尾加装饰线。

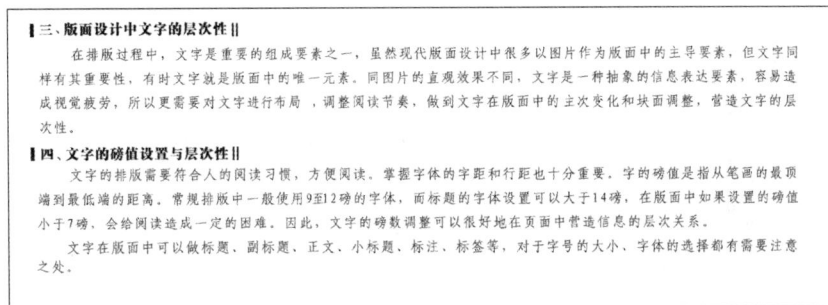

中小标题字体设计⑤

将标题设置于深色色带中，并对文字进行反白表现。

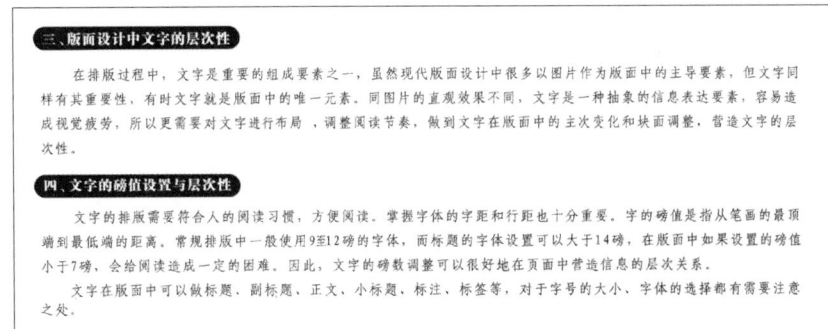

中小标题字体设计⑥

使标题的排列方向与正文的排列方向垂直，在横向的正文排版中使标题呈纵向排列，在纵向的正文排版中使标题呈横向排列。

在排版过程中，文字是重要的组成要素之一，虽然现代版面设计中很多以图片作为版面中的主导要素，但文字同样有其重要性，有时文字就是版面中的唯一元素。同图片的直观效果不同，文字是一种抽象的信息表达要素，容易造成视觉疲劳，所以更需要对文字进行布局，调整阅读节奏，做到文字在版面中的主次变化和块面调整，营造文字的层次性。文字的排版需要符合人的阅读习惯，方便阅读。掌握字体的字距和行距也十分重要。字的磅值是指从笔画的最顶端到最低端的距离。常规排版中一般使用9至12磅的字体，而标题的字体设置可以大于14磅，在版面中如果设置的磅值小于7磅，会给阅读造成一定的困难。因此，文字的磅数调整可以很好地在页面中营造信息的层次关系。文字在版面中可以做标题、副标题、正文、小标题、标注、标签等，对于字号的大小、字体的选择都有需要注意之处。

中小标题字体设计⑦

通过标签效果处理，使标题与正文部分连接并区分开来。

三 版面设计中文字的层次性

在排版过程中，文字是重要的组成要素之一，虽然现代版面设计中很多以图片作为版面中的主导要素，但文字同样有其重要性，有时文字就是版面中的唯一元素。同图片的直观效果不同，文字是一种抽象的信息表达要素，容易造成视觉疲劳，所以更需要对文字进行布局，调整阅读节奏，做到文字在版面中的主次变化和块面调整，营造文字的层次性。文字的排版需要符合人的阅读习惯，方便阅读。掌握字体的字距和行距也十分重要。字的磅值是指从笔画的最顶端到最低端的距离。常规排版中一般使用9至12磅的字体，而标题的字体设置可以大于14磅，在版面中如果设置的磅值小于7磅，会给阅读造成一定的困难。因此，文字的磅数调整可以很好地在页面中营造信息的层次关系。文字在版面中可以做标题、副标题、正文、小标题、标注、标签等，对于字号的大小、字体的选择都有需要注意之处。

中小标题字体设计⑧

对标题的第一个字进行放大夸张的修饰，同时保持标题部分整齐的块面效果。

版面设计中文字的层次性

在排版过程中，文字是重要的组成要素之一，虽然现代版面设计中很多以图片作为版面中的主导要素，但文字同样有其重要性，有时文字就是版面中的唯一元素。同图片的直观效果不同，文字是一种抽象的信息表达要素，容易造成视觉疲劳，所以更需要对文字进行布局，调整阅读节奏，做到文字在版面中的主次变化和块面调整，营造文字的层次性。文字的排版需要符合人的阅读习惯，方便阅读。掌握字体的字距和行距也十分重要。字的磅值是指从笔画的最顶端到最低端的距离。常规排版中一般使用9至12磅的字体，而标题的字体设置可以大于14磅，在版面中如果设置的磅值小于7磅，会给阅读造成一定的困难。因此，文字的磅数调整可以很好地在页面中营造信息的层次关系。文字在版面中可以做标题、副标题、正文、小标题、标注、标签等，对于字号的大小、字体的选择都有需要注意之处。

中小标题字体设计⑨

（4）页眉页脚字体设计

连续的页面设计中，页眉页脚可以增加页面的延续性。页眉页脚部分的文字主要承担着提示页码和内容名称或篇次的作用，磅值一般为6~8磅，其设计的种类样式不一，各具特色。页眉页脚相关文字的处理表现方法有以下几种。

将页眉页脚文字放置在地脚[①]外侧，使之与正文两端外侧边缘对齐。

页眉页脚设计样式①

将页眉、页脚文字放置在天头[②]外侧，使之与正文两端外侧边缘对齐。

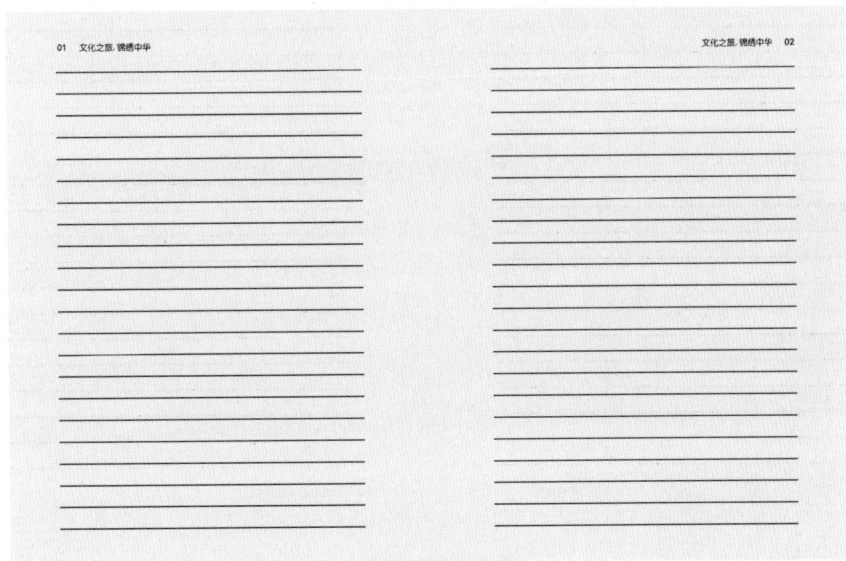

页眉页脚设计样式②

① 地脚：版心底端至成品下边沿的空白区域。

② 天头：版心顶端至成品上边沿的空白区域。

将页眉页脚文字放置在切口①中间位置。

页眉页脚设计样式③

将页眉页脚文字放置在地脚内侧，使之与正文两端内侧边缘对齐。

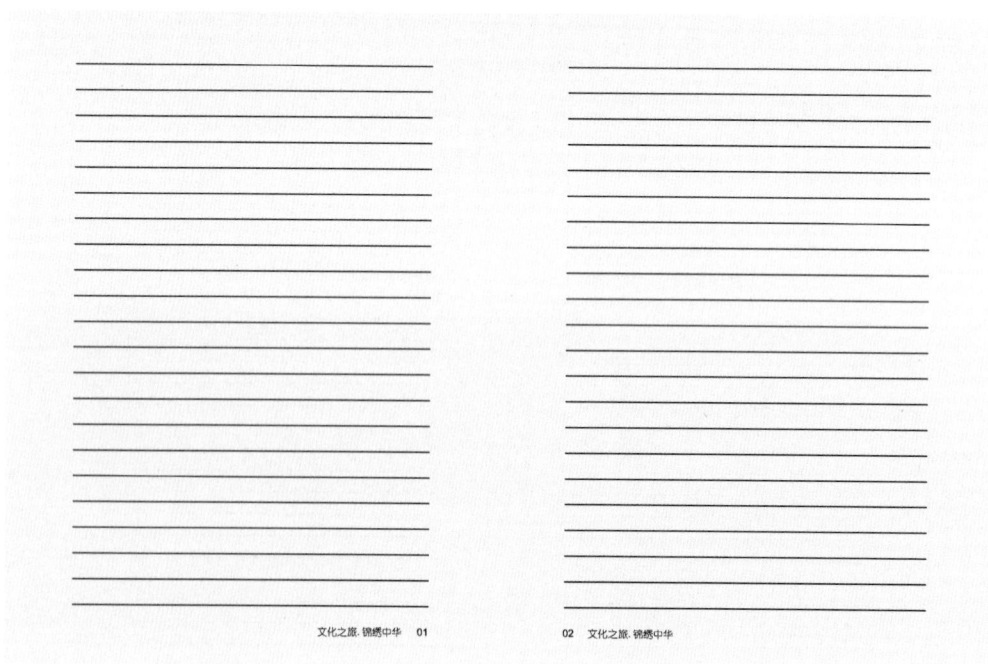

页眉页脚设计样式④

① 切口：书刊的上、下和一侧三面切光处。

将页眉页脚文字放置在地脚中央。

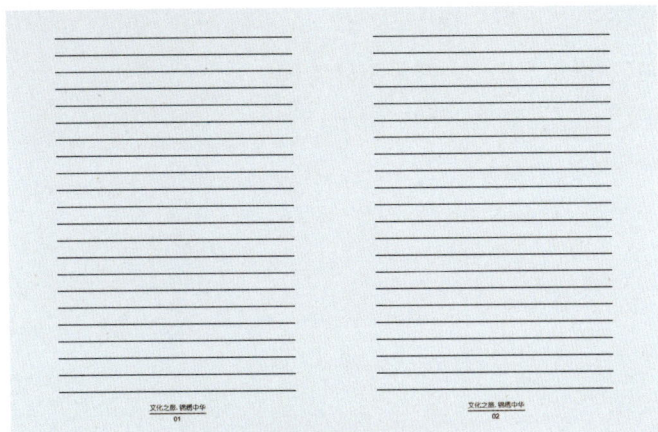

页眉页脚设计样式⑤

添加装饰线和铺设底色，将页眉页脚文字与正文明确分开。

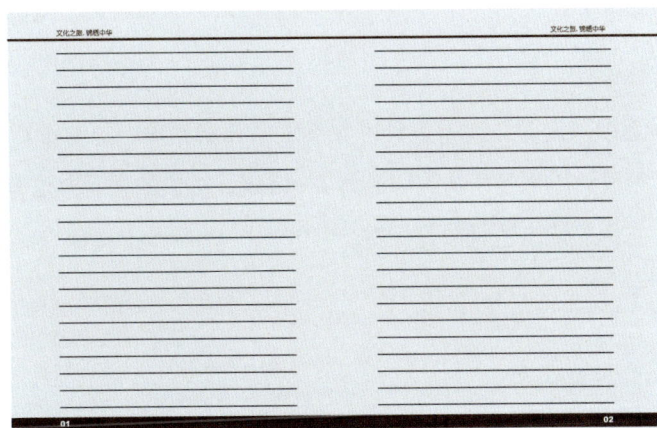

页眉页脚设计样式⑥

分别在单、双页放置页眉页脚的部分文字，并且形成左上与右下的对称关系。

页眉页脚设计样式⑦

大胆强调页脚数字的表现效果。

将页眉页脚文字放置在裁切线[①]上。

将页眉页脚文字嵌入正文中，并用线分隔开。

页眉页脚设计样式⑧　　　页眉页脚设计样式⑨　　　页眉页脚设计样式⑩

（5）标签字体设计

在面对较多连续页面时，如果设计师想要读者在看到每一页时都能够了解其所属的章节，可以加入标签设计。标签字体的磅值为7~14磅，相关的表现方法有以下几种。

沿着页面左右两侧切口边缘放置标签。

标签设计样式①

沿着页面地脚边缘放置标签。

① 裁切线：如果排版的媒体为纸质对象，在出图和印刷后，需要对对象进行裁切，裁切线是在对版面上下左右4边进行裁剪的过程中制定的参考线，用以保证版面最终的呈现效果。

沿着页面左右两侧切口边缘放置标签，并将设计成类似文件夹标签的样式效果。

标签设计样式②

沿着页面左右两侧切口边缘放置标签，并运用装饰线分隔。

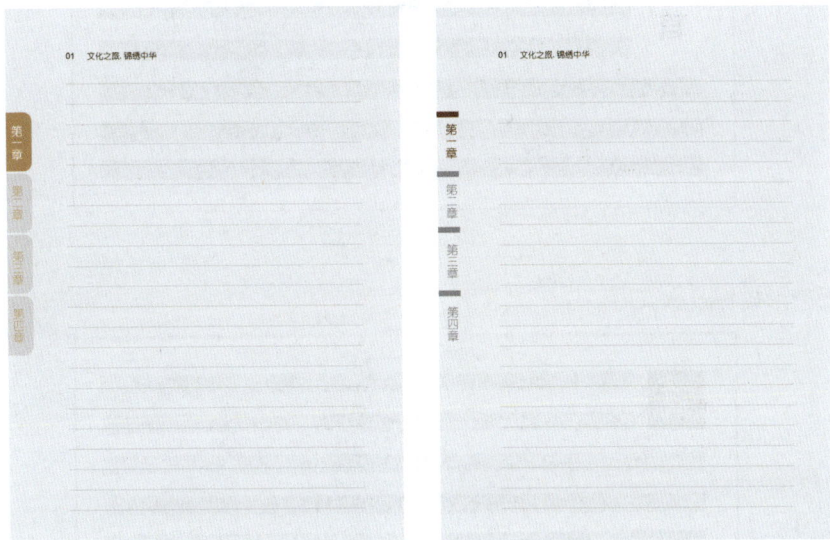

标签设计样式③   标签设计样式④

4.3.2 文字的块面划分与层次性

慕课视频

文字的使用——
磅值行距字体

　　与标题文字不同，正文文字部分是版面中相对集中、内容较紧凑的部分。正文文字的大小一般控制在9～12磅，在字体方面常选择宋体、仿宋、细黑、幼圆等纤细的字体，其目的是使阅读视觉效果清晰，避免造成粗壮字体在缩小过程中挤压成一团的情况。在正文文字设计的过程中，细节上注重开头文字、字间距与字体、行间距与字体、字体的关系等方面的处理。

（1）开头文字字体设计

段落开头处的第一个字就是开头文字，强调开头文字，能够明确地引导读者的视线。开头文字字体的设计有以下几种方式。

将开头文字横跨两行设置。

段落首字设计方式①

在较大的预留空间中放置一个略大于正文文字的小字。

段落首字设计方式②

用正方形框住开头文字。

段落首字设计方式③

将开头文字以外的正文部分框起，达到区分的效果。

段落首字设计方式④

（2）字间距与字体、行间距与字体的关系

　　字间距的每一次调整都会影响到整体效果，而行间距的调整则会影响到视觉流向。通过下面两个案例就可以看出，正文排版中，根据字号合理确定字间距和行间距对于文字内容的清晰表现有重要影响。字间距的设置要根据字体的粗细和字体的层级关系设定。例如，字体是粗黑，间距可以相对拉大，以免视觉上文字挤在一起或者影响印刷效果。字体是细圆体，字间距可以相对缩小，使文字看起来更紧凑。其中，标题文字的间距变化较大，需要根据具体内容和标题大小来定，而正文文字的间距一般为 –20% ~ 20%。

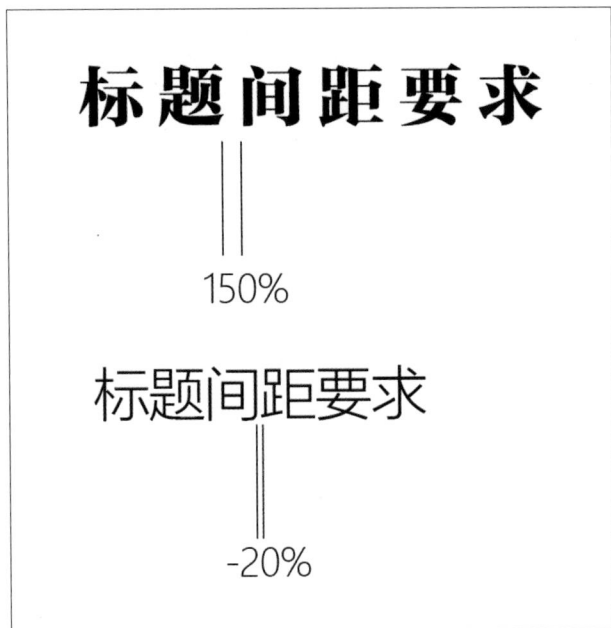

标题文字间距参考

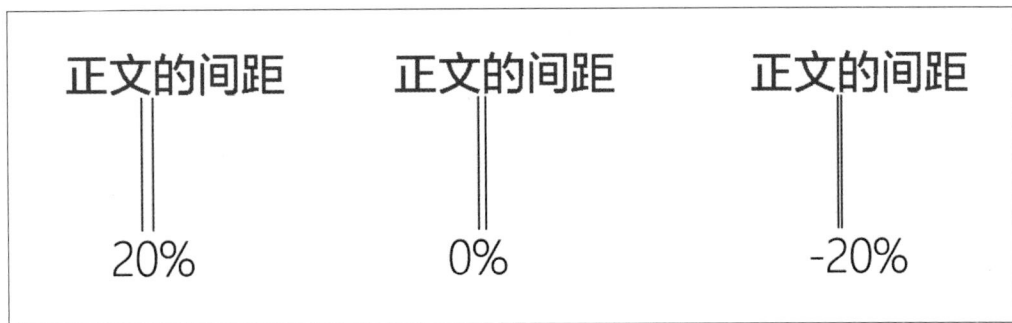

正文文字间距参考

正文文字间距过大或过小效果对比

行间距是指从上一行字的顶端到下一行字顶端的距离。如果正文文字的磅值在9磅，行间距一般要设置为13~15磅才能避免阅读方向混乱的情况出现，过小的行间距和过大的行间距都不利于阅读和达到好的版面视觉效果。

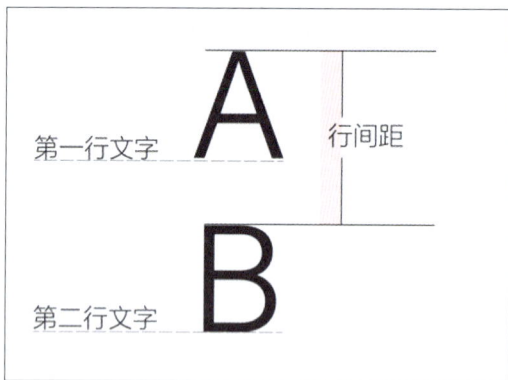

文字行间距示意

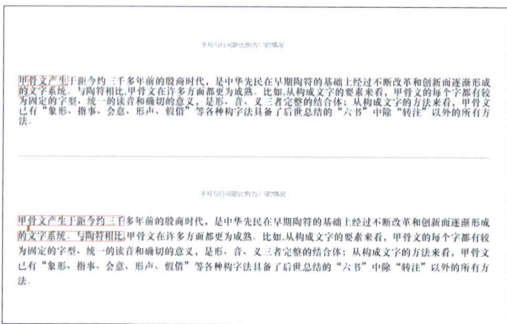

容易造成阅读混乱的行间距设置（上）与阅读流向清晰的行间距设置（下）

（3）字体的块面划分与段落间距控制

在正文文字排版的过程中，块面的划分十分重要，因为版式设计的载体有不同的尺寸，不可能在所有尺寸的版面中，文字都从头排到尾，这样的版面会显得单调，也容易造成阅读疲劳。所以需要在版面中划分区域，调节阅读节奏，增加页面的块面变化。字体的块面划分形式有以下几种。

慕课视频

文字的使用
——分栏

将版面正文文字分成2栏[①]。

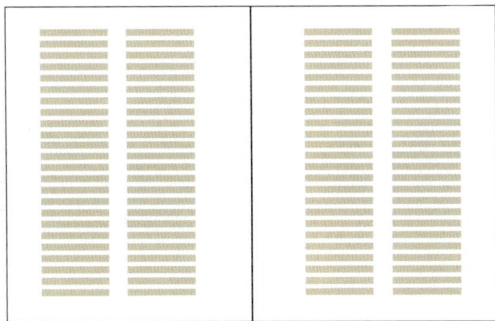

分2栏的文字

将版面正文文字分成3栏。

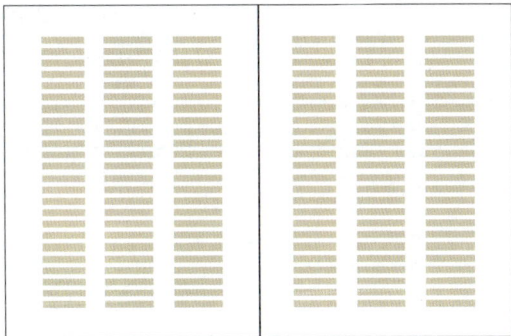

分3栏的文字

将版面正文文字分成4栏。

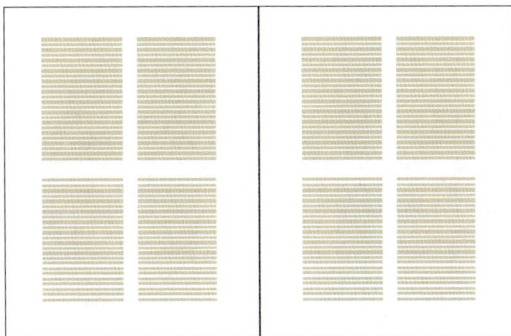

分4栏的文字

① 栏：在排版过程中，在纵向上对版面进行的划分，可为图片和文字的排列提供布局参考。

将版面正文文字分成不等宽的2栏。

不等宽的2栏

值得注意的是，在正文文字的排版中不仅要控制行与行的间距，还要控制栏与栏的距离。栏间距有5mm、8mm、10mm等，设计师可以根据实际需要和经验来选择合适的栏间距。

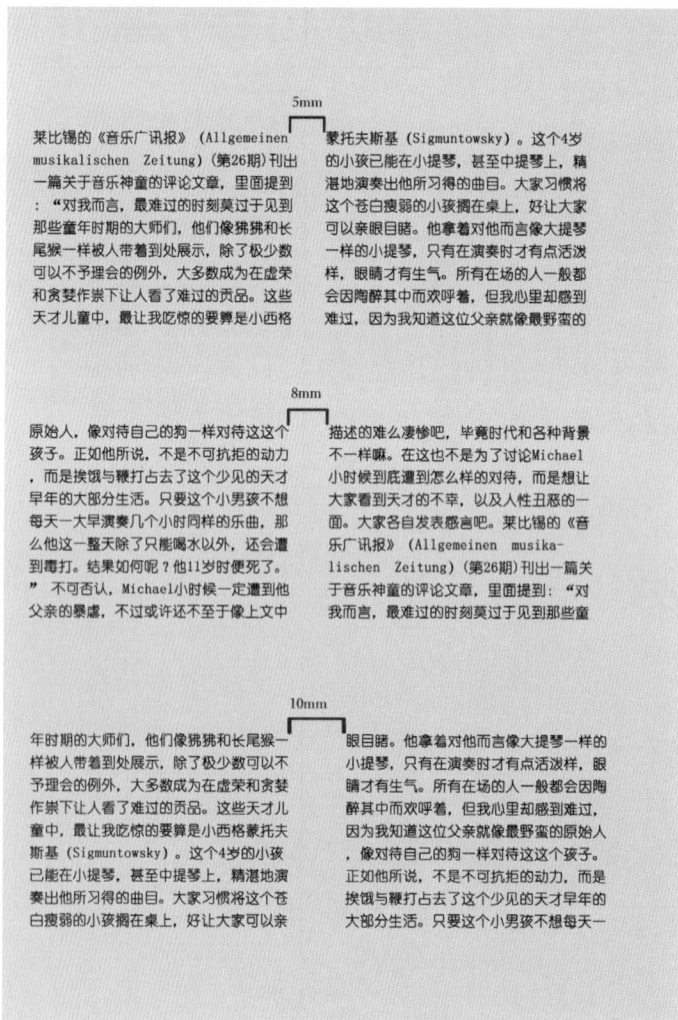

不同宽度的栏间距示意图

文字排版中文字段落之间距离的控制也是确保形成清晰层次效果的因素之一，行间距可以控制文字行与行之间的距离，而段落间距是对一个段落文字与另外一个段文字之间距离的把控，要大于段落内部行与行之间的距离。在使用栏的时候，也可以运用栏间距来控制段落和段落之间的距离。

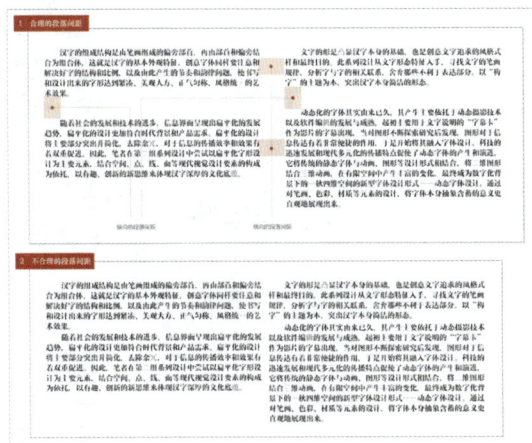

段落间距示意

4.3.3　文字的色彩处理与层次性

除了上述方式可以增强文字的层次性、块面性，还可以通过色彩的微调达到同样的版面效果。

例如，可以在正文分栏的基础上，通过为专题栏添加背景色，区分文字块面；也可以为版面整体铺浅底色；还可以在深色背景或图片背景中排列反白文字，或者运用彩色背景综合使用不同的文字对齐方式，为每一行的文字铺底色等。

总之，在针对文字内容的排版过程中，营造信息层次明确、块面干净清晰的效果是设计师必须把握的目标。

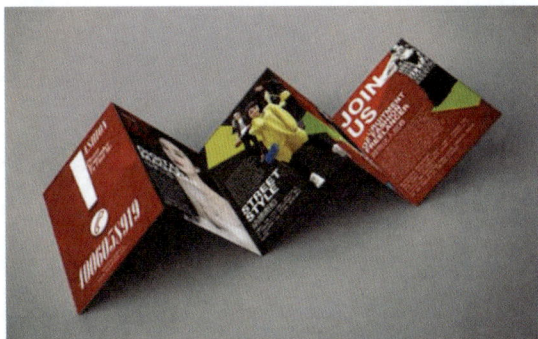

深色背景与反白文字的对比排版

平凡之路
砥砺前行

The Ordinary Road

Advance Hard

A Film
By Joyce Chen

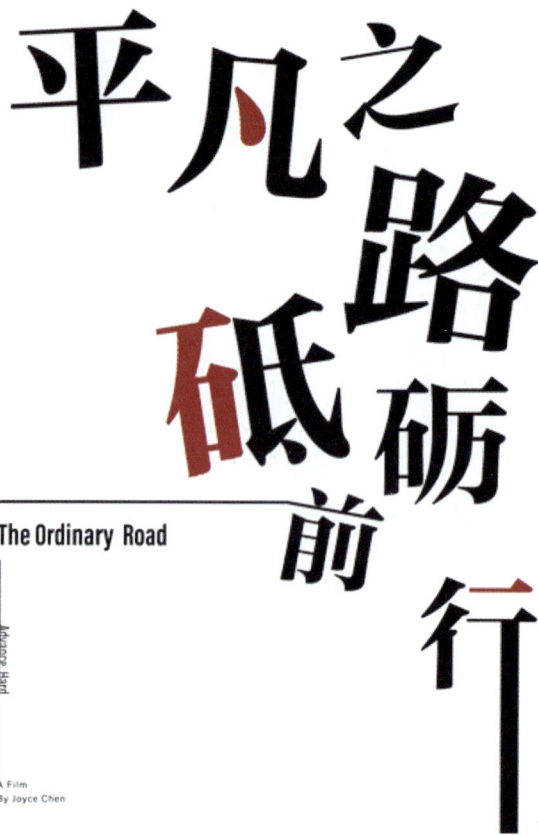

浅色背景与深色文字的对比排版

扩展图库

网格文字排版设计——文字的布局与层次性

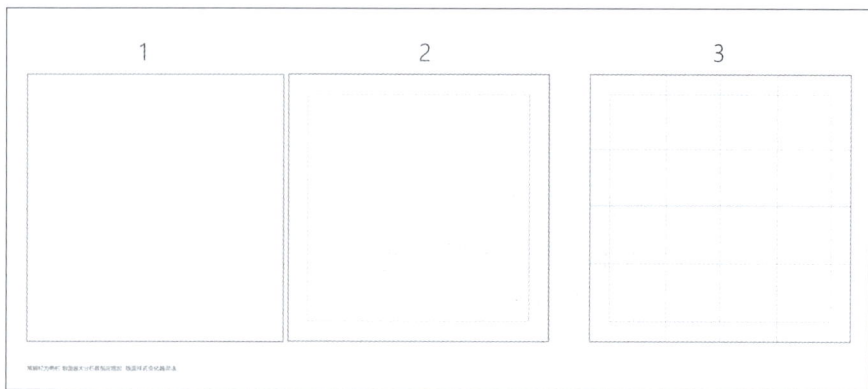

4.3.4 文字分栏的具体过程分析

第一步，根据版面的尺寸和设计内容的要求确定版心，在版心范围内确定横向和纵向的分栏。

分栏过程分析①

第二步，根据划分的单元格设定栏间距。

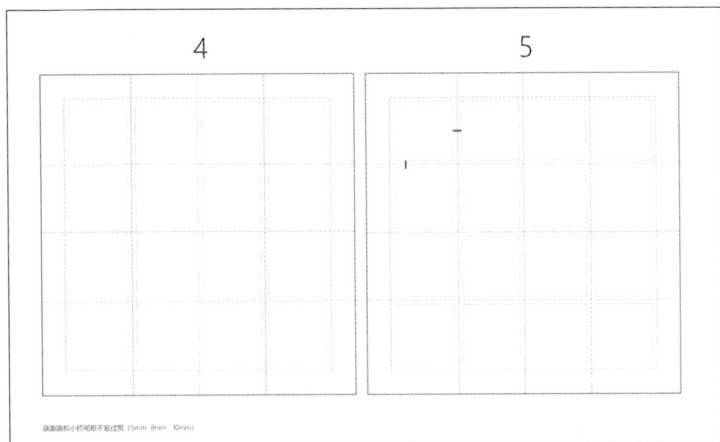

分栏过程分析②

第三步，置入文字内容，明确文字信息的层次关系，为文字（包括一级标题、二级标题、正文文字等）设定合理的字体、字号、行间距、字间距。下图展示的就是根据设定的文字层次关系，结合网格具体布局每一个页面的文字。需要注意的问题是，文字必须严格控制在单元格中，每一块的文字要严格根据栏间距的设定间隔开；同时，还要把握好文字布局的变化，尽量使每个页面都有不同。

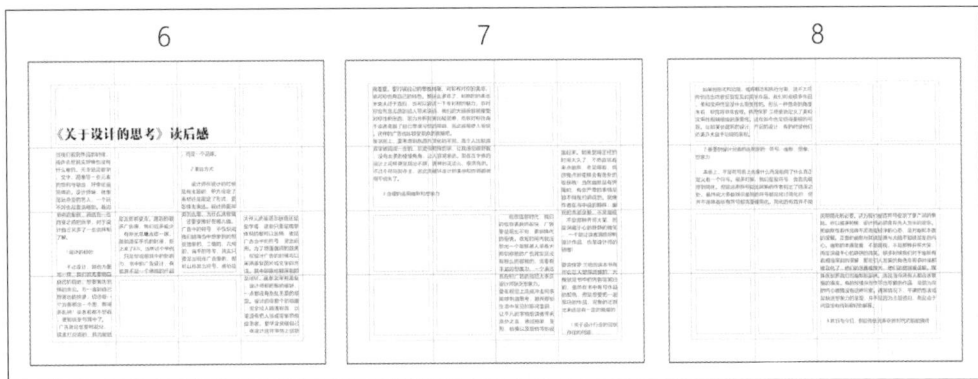

分栏过程分析③

第四步，为标题文字、正文文字背景添加色块，一方面突出整个页面文字的层次关系；另一方面为了避免页面单调乏味。在文字较多的连续页面排版过程中，需要细致的策划以及合理的布局和调整，才能形成明快、清晰、层次鲜明的效果。

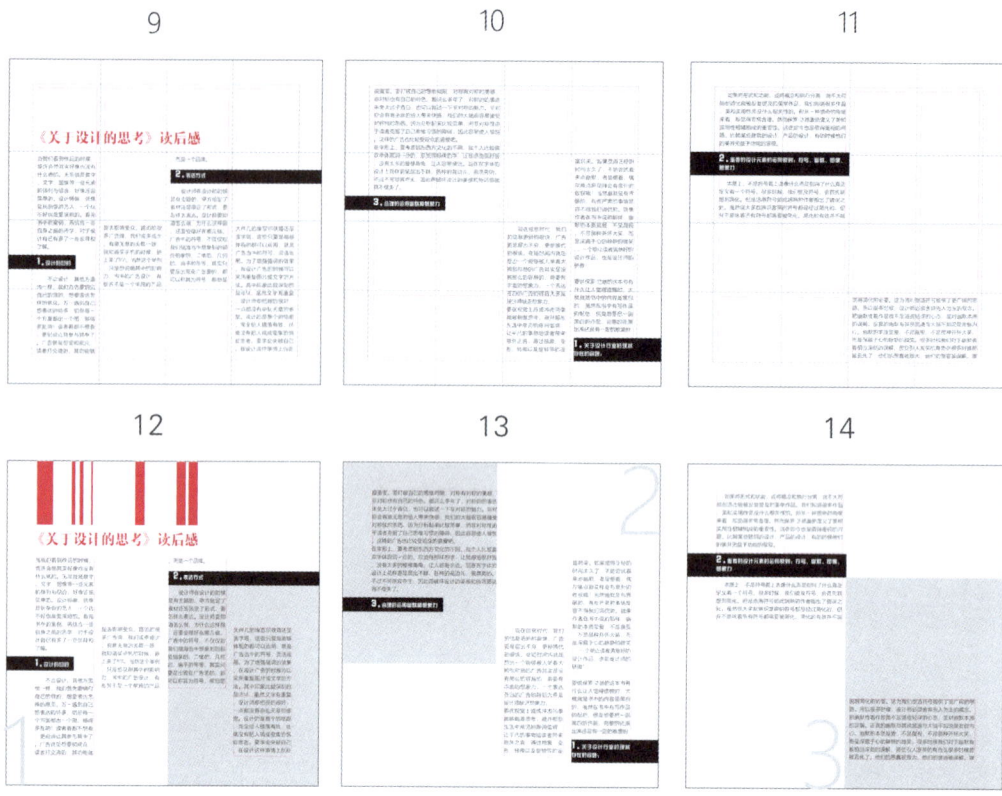

9   10   11

12   13   14

分栏过程分析④

慕课视频

文字使用的
其他技巧

4.4 版式设计中文字的其他处理方法

以上是在版式设计中需要注意的细节内容，也是图书报刊等的常规排版过程中涉及文字排版时需要掌握的知识。另外，文字在版式设计中也可以作为主要的、可变化的图形要素进行表现和设计，这在招贴设计中十分常见。此种情况下，设计师在文字比例、字体选择、版面布局方面会更自由一些。

梳理之前讲到的知识，排版过程中针对文字部分需要厘清的思路如下。首先，需要根据主题确定合适的字体，但需要注意，在一个独立版面或者系统版面中，字体样式不宜过多，以避免版面凌乱。其次，根据版面的视觉流向搭建文字的布局空间，即版面的框架，并注意分栏。再次，置入文

扩展图库

招贴字体设计

字部分，通过对字号、字体、字间距、行间距的控制初步区分信息内容的层次。最后，挑选合理的色彩，以达到版面文字与图片或背景之间或和谐一致或对比强烈的视觉效果。

以文字为主的招贴设计

1 **根据主题选择合适字体**

标题/正文或辅助字体 1~2 种

中文选择相应的中文字体/西文选择相应的西文字体

2 **分栏与框架的搭建**

注意对齐方式的选择

3 **对字体进行层级的区分**

通过字号字重的设置调整

标题　字重重　大于等于14磅
正文　字重轻　9~12磅
注解　字重轻　7磅左右

检查字间距/调整行间距　段落间距

4 **调整字体色彩/营造好文字与图片或背景的关系**

文字排版步骤说明

4.5 综合项目实战———书籍中文字的排版设计

在本册实战练习中根据提供的素材制定排版方案，同时注意几方面的问题，文字属于书籍排版中的要素，在信息量较大，内容较多的情况下，务必注意字号、字体的设定、文字块面的安排、文字色彩的搭配等问题，才能使最终呈现的版面给阅读者营造明确轻松的阅读体验，减少阅读疲劳感。

具体操作步骤如下。

（1）一般可以使用 Indesign 软件对文字进行有效排版，此时需要将 Word 文档中的文字复制粘贴到排版软件文本框中。在排版之前注意整体调整字号、行间距，选择合适的字体。

（2）页面一般为对称页，将文字放置在左右两个页面中。

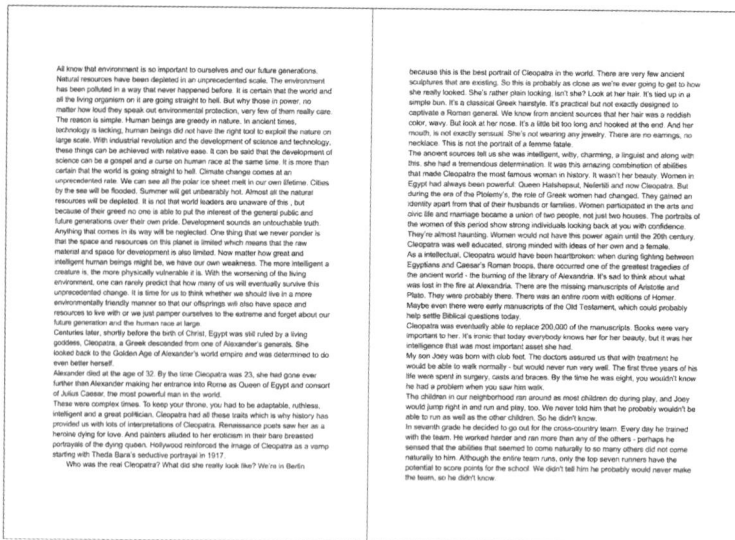

初步置入文字

（3）如果文字多，简单将文字整版排在两个页面中会显得单调死板，所以可以根据之前讲到的划分单元格和分栏的方法将大块面切分成小块面，这样版面看起来会更和谐。

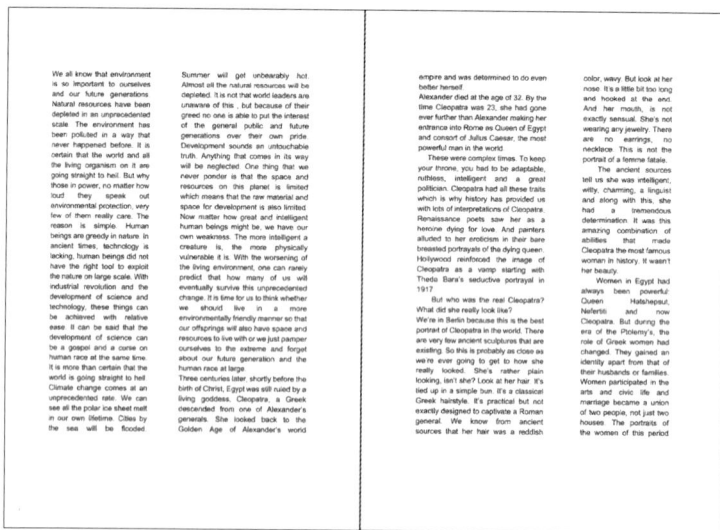

将文字分栏

（4）增加页眉页脚，其中页眉部分可以放置内容主题，页脚部分可以放置页码，用线将页眉页脚和正文区分开来。

版式设计中文字的处理和表现

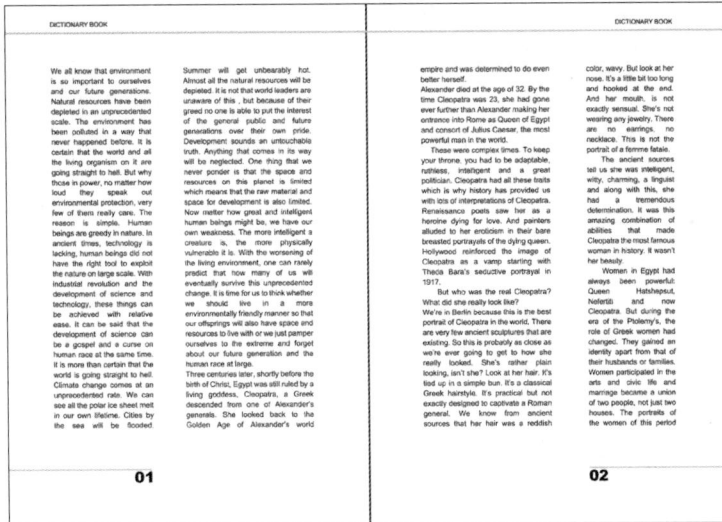

添加页眉页脚

（5）在页面左右两侧增加标签，并调整段落首个单词的位置和大小，增强文字信息的层次感。

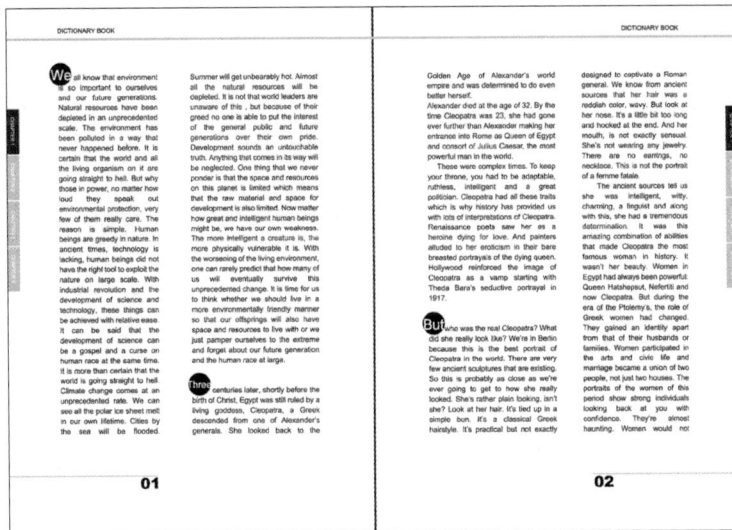

添加标签块面和突出段落首字母

（6）在此基础上，可以尝试适当调整色彩以实现连续页面中的变化。色彩的调整可以通过增加底色或者改变文字颜色的方式进行。

01

02

03

04

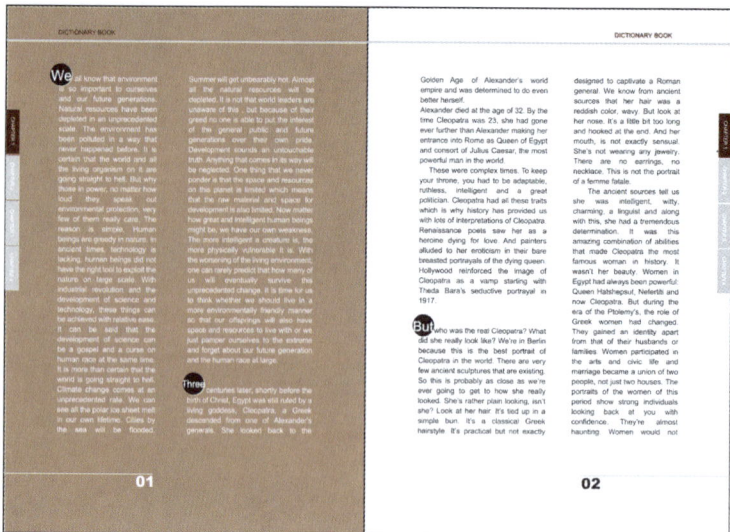

调整连续文字版面的色彩

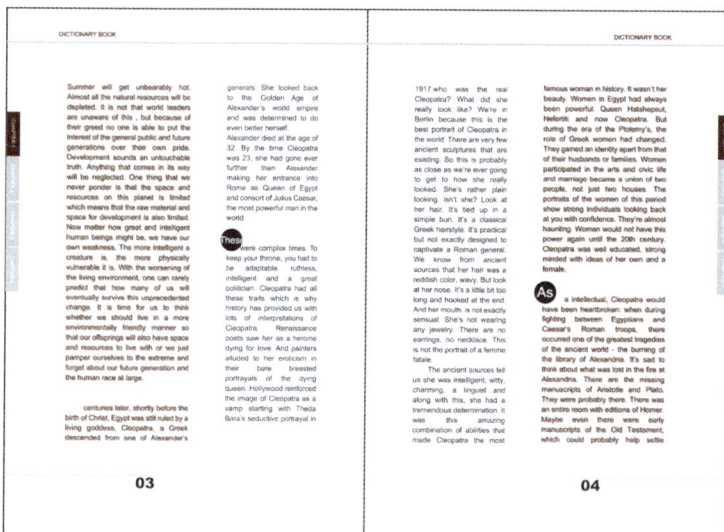

慕课视频
产品标签文字排版

慕课视频
书籍中的文字排版1

慕课视频
书籍中的文字排版2

4.6 综合项目实战二——文字招贴排版设计

不同于书籍，以文字为主题的招贴设计更需要突出主要文字和次要文字在版面中的对比和主次关系，这种关系的建立同样需要从字体、字号、色彩等方面着手。具体操作步骤如下。

扩展案例
文字招贴文字排版设计

慕课视频
扩展案例–文字招贴文字排版设计1

慕课视频
扩展案例–文字招贴文字排版设计2

（1）确定明确的平衡式（垂直式）的自上而下的视觉流向，在平面设计软件 Illustrator 中新建 210 mm×297mm 的页面，用参考线将页面平均分为 4 个区域。标题文字需要贯穿版面、鲜明突出，因此可以在确定框架后设计制作标题文字。将制作好的标题文字放置在版面中心垂直平分线附近，同时注意大小比例的调整，标题文字需要突出显示，可以放大一些。

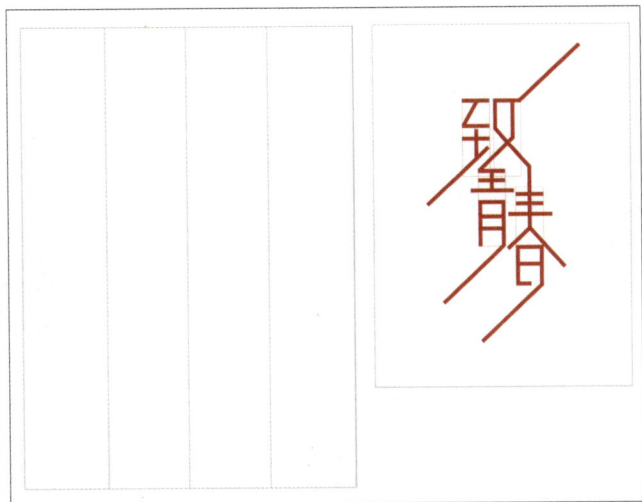

分栏与主题文字设计

（2）浏览文字素材，根据内容主次关系将其放置在版面中的相应区域，除了"6th"部分和标题在同一层级上放大突出，其他文字部分比例需要缩小。这里可以运用一个"×2"的倍数关系调整字号大小以拉开层次。例如"艺术学院 2020 级毕业设计展"文字部分为 72 磅，则次要的文字可以设定为 36 磅，而最次要的文字可以设定为 18 磅。通过这样的方式，可以营造文字规则而又有层次变化的版面效果。另外，还需要注意字体的选择，除了标题文字以外，其他文字的字体应该按照字重由大到小的顺序选择，但是注意字体样式不宜过多。注意文字分配的空间调整，在变化中追求平衡（上下左右位置的呼应）。

文字的设置、排列和布局

（3）文字部分基本排版完成，需要进行色彩的确定和使用，此版面选择深蓝、暗红、浅绿的搭配方案。浅绿主要围绕标题文字部分铺开，这有利于营造块面的效果，突出招贴主题。

（4）在大块面的基础上，添加图形元素，形成线和点的效果。这样，文字设计和排布合理、视觉流向清晰、层次分明、细节到位的招贴就制作出来了。

颜色的制定和搭配

添加细节构成元素

慕课视频

收据文字排版

慕课视频

文字招贴排版1

慕课视频

文字招贴排版2

小结

本章学习的主要目的是了解字体样式与使用，常见版面中文字的对齐方式，以及如何在各种类型的常规版面中通过字体、字号、字间距、行间距等的控制和调整，包括文字块面的划分与调整、文字与图形色彩的关系控制来体现版式设计中文字的层次性。通过本章的知识学习和项目实战，读者既能够设计和制作出块面明确、信息层次分明的版面，也能够结合文字的图形化属性，制作出更加丰富多样的文字效果。

思考

1.排版中为何要重视文字的层次性？

2.排版中如何控制文字的层次性？

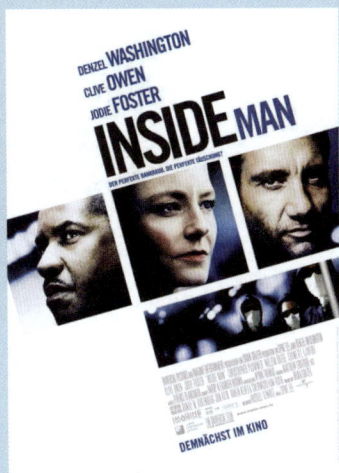

05

第5章 版式设计中图片的处理和表现

图片相对于文字，能够更加直接地传递信息，给人留下深刻的印象，也更易被接受。因此，版式设计中恰当地选择和使用图片显得尤为重要。

5.1 对版式设计中图片的一般认识

慕课视频

图片的概念和
作用

慕课视频

图片的使用 1

图片在版式设计中是有着记录功能、艺术功能、交流功能的信息载体。作为信息载体，它需要设计师在设计和运用前进行简单的浏览和分类。

5.1.1 图片的选择

在排版过程中，图片不是拿来即用的。在排版之前，设计师对委托方提供的图片做适当的观察、思考和筛选是十分必要的，这是为了能够更好地在设计过程中运用图片。因此，在运用图片之前要对其做一个分类。分类的方法有很多种。

首先，根据图片的功能和意味来分。委托方需要的页面结构不同，根据具体的内容和要求，图片各自的功能和呈现方式也不同。例如，下面的图片是为一本杂志某章节版面提供的，设计师可以根据文字内容对图片进行分类，比如按照场景分类（山川、河流、花草、建筑……），按照季节分类（春、夏、秋、冬……），按照地域分类（乡村、城市……）；也可以按照图片的特点分类，比如按照图片质量分类、按照图片中场景的远近分类等。

需要被分类的图片素材

其次，可以按照图片的色调分类，这样能够为后面的版式设计确定图片与背景色彩的前后层次关系。例如色彩明亮或暖色调的图片可以事先分为一类，用于版面中的前景内容；色彩暗沉或冷色调的图片也可以分为一类，用于版面中的背景内容。另外，可以将同一色调的图片或者整体色调相近的图片罗列在一起，以便使版面看起来更加统一。

最后，根据图片本身的拍摄角度进行分类，正视、俯视、仰视、朝左、朝右、特写、远景等不同图片可以在排版过程中分配在版面的不同位置。这样布局在版面中的图片会更加符合读者的观察习惯。下图中仰视角度的图片和俯视角度的图片可以分别安排在版面上方和下方。

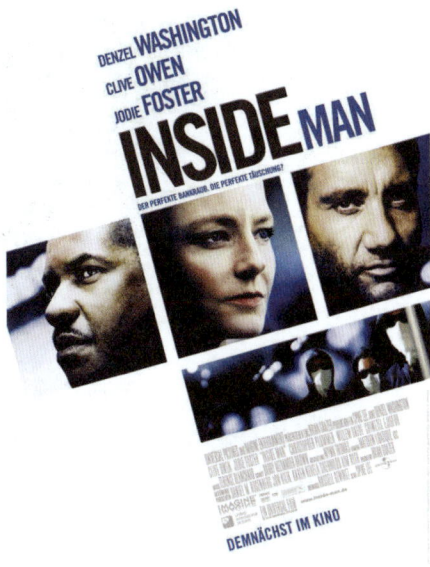

深色调图片在浅色背景上的运用

5.1.2 图片的信息层次调整

图片在版面中会有主次强弱之分，设计师在排版过程中要明确图片的主次关系并据此布置调整图片，可以运用位置摆放、大小尺寸对比、图底关系对比等多种方法设计出信息层次明确的以图片为主体的版面，以利于读者的阅读。

（1）图片与图片之间的关系处理

要调整版面中图片的顺序和大小，首先需要对版面结构的基本脉络和文字信息有所把握，然后做主次大小的排列。需要注意的是，图片大小的对比关系在设计过程中要突出一些，但同一版面中图片大小变化过多容易造成版面杂乱。如果想避免这种杂乱的情况出现，最好的方式就是整合和拼贴这些图片，使其在版面中形成整体块面。

仰视角度的图片和俯视角度的图片

图片大小调整

整合不同尺寸的图片形成整体块面

（2）图片与文字之间的关系处理

在版式设计中，图文组合的情况十分常见，需要设计师能够将两部分内容合理组织在一起。常规书籍排版中需要注意统一好文字和图片的边线，同时不能使用图片随意扰乱文字的阅读走向，误导读者。

图文需要结合表现的版面中，不能以图盖文，也不能以文盖图，要保证两者之间有清晰的层次关系（一般是通过色彩调整实现的）。同时，应注意文字不能覆盖在图片主要内容上。

横排文字中的图片穿插

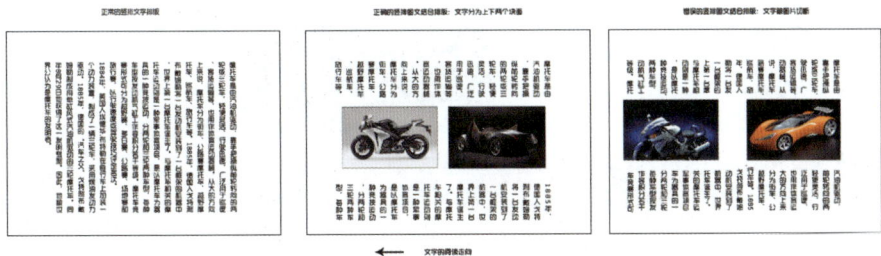

竖排文字中的图片穿插

（3）图片在整体版面中的层次关系

除了与文字搭配以外，图片还会与背景色彩、底纹以及一些图形元素组合，无论元素多少，都要求呈现清晰的版面层次关系。图片可以通过深色背景的衬托鲜明地展现在版面上；如果图片是版面中的主要元素，那么背景色彩和底纹要能够反衬图片，文字也应该以块面的形式与图片区分开来。

图片放置在深色背景上

图片与块面文字在浅色背景中的运用

慕课视频

图片的使用2

5.1.3　常规书籍版式中图片与文字的组合布局形式

在常规书籍版式中，图片与文字是最重要的元素，明确的块面组合是处理图片与文字排版效果时必须达成的目标。图片与文字的组合布局有以下几种常用形式。

文字规则设置与图片自由布局的组合[①]。

书籍杂志排版中图文组合样式①

慕课视频

图片的使用3

扩展图库

常规书籍杂志中
图片的排版

① 灰色条状代表文字块面，橙色图形代表图片。

图文左右对称的版面组合。

书籍杂志排版中图文组合样式②

图文左右变化的版面组合。

书籍杂志排版中图文组合样式③

左右页面图文配置相似的组合。

书籍杂志排版中图文组合样式④

在斜线方向上图文配置对称的组合。

书籍杂志排版中图文组合样式⑤

呈台阶式下降的组合。

书籍杂志排版中图文组合样式⑥

呈台阶式上升的组合。

书籍杂志排版中图文组合样式⑦

在页面左上方设置图片。

书籍杂志排版中图文组合样式⑧

主体图片的一部分延伸到另一个页面中。

书籍杂志排版中图文组合样式⑨

　　将主体图片安排在两个页面组成的版面中央，并以文字围绕。需要注意的是，跨装订线放置的图片，其主要内容部分不能出现在装订线上。

书籍杂志排版中图文组合样式⑩

将文字和图片元素分别放置在不同的页面中。

书籍杂志排版中图文组合样式⑪

在个别页面中设置出血^①的图片。

在个别页面中设置出血[①]的图片。

书籍杂志排版中图文组合样式⑫

将主要、次要图片分别放置在不同页面中。

书籍杂志排版中图文组合样式⑬

① 出血：指图像超出成品幅面范围而被裁切掉的版面设计，一般出血设置为3mm，以保证裁切后的版面更加美观。

将主体图片放置于整版对页的右下角并跨页延伸。

书籍杂志排版中图文组合样式⑭

图片与文字分置于页面上下不同的位置。

书籍杂志排版中图文组合样式⑮

将图片元素分置于两个页面的切口附近。

书籍杂志排版中图文组合样式⑯

图片元素不与文字栏对齐，个别图片可以设置为出血。

书籍杂志排版中图文组合样式⑰

将版面分割成小方格，在方格中置入图片和文字，同时保留少量空白方格。

书籍杂志排版中图文组合样式⑱

慕课视频

图片的使用4

总之，图片与文字的组合形式很多，在连续页面的设计中要注意每个单页的图文布局不要拘泥于一种形式，应在设计过程中体现图文组合布局的变化，增强版面整体的节奏感。

5.1.4 针对图片的其他处理技巧

除了以上一些规则的图片布局和图文组合布局的形式，图片可以通过更加灵活的组合和表现技巧来活跃版面。

（1）规则形图片的处理技巧

在排版过程中，为了丰富画面，让原本无趣的图片呈现更加丰富的效果，可以适当运用以下一些技巧。

处理技巧之一是将图片嵌入圆形内。

将图片嵌入圆形框

处理技巧之二是将图片嵌入圆角矩形框内。

将图片嵌入圆角矩形框

处理技巧之三是将多张图片保持细微距离，并组合成一个完整的块面。

保留距离的图片组合

处理技巧之四是将多张图片无缝拼接。

无缝隙的图片组合

处理技巧之五是将图片以大头针或回形针的形式固定。

灵活固定图片

（2）自由边形图片的处理技巧

自由边形图片是指沿着图片中形象的轮廓剪裁出来的形状。由于没有规则直线或曲线的束缚，将这些图片运用到版面中会显得活泼亲切。以商品目录手册和广告宣传单为代表的版式设计就需要大量的商品近景实物照片以增强产品的亲和力，这些照片就属于自由边形图片。以下是关于这种类型图片的处理技巧。

通过铺设具有颜色反差的背景圆形轮廓将突出部分放大。

运用图形轮廓突出图片

使图片主体的局部突破外框。

使图片突出背景

将图片沿轮廓剪裁并组合起来。

沿着图片描边几何轮廓

将图片沿轮廓剪裁并放大出血。

将图片抠取并放大延伸至页面外

只对版面中的主要图片做剪裁处理，将次要图片布局在规整的矩形框内。

主次图片的处理对比①

只对版面中的次要图片做剪裁处理，将主要图片布局在规整的矩形框内。

主次图片的处理对比②

扩展图库

商业画册、广告
单页、包装设计
作品中图片的排版

扩展图库

新媒体中图片
的排版

5.2 综合项目实战——杂志中规则矩形图片排版设计

作为图片数量较多的杂志，排版前对图片解读与分析，排版中合理调整图片的主次关系，排版结束阶段整体图片布局节奏是设计师需要注意的问题。具体操作步骤如下。

（1）确定版心范围，根据版面大小划分出等比例的单元格，同时确定栏间距。

杂志中规则矩形图片排版设计步骤①

慕课视频

杂志中规则矩形的
图片排版设计

（2）将图片分类置于页面内，可以根据图片质量、图片内容、图片色调分类，也需要根据文字内容分类。

（3）布局图片。在布局过程中，图片较文字有更强的张力，图片可以出血，可以更多地跨单元格或者装订线放置。

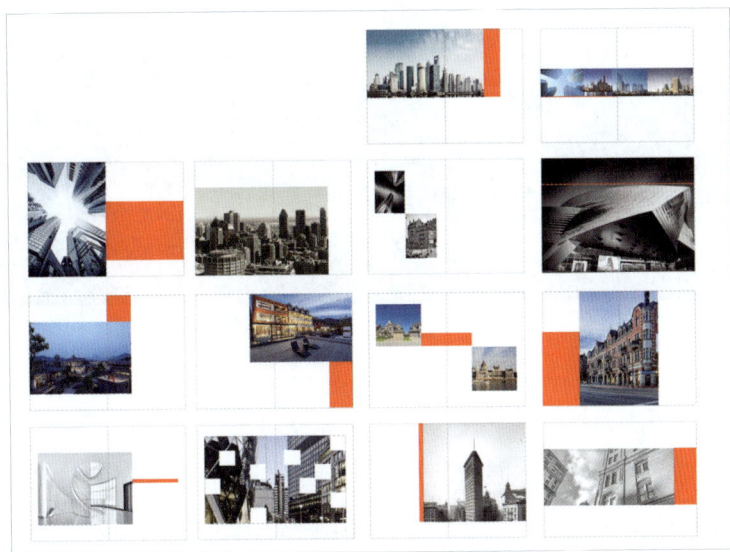

杂志中规则矩形图片排版设计步骤②

（4）根据图片整体的色彩色调穿插和搭配辅助色彩。

注意每张图片在使用前需要检查，要去除水印和标注，图片质量要达到要求（主要指尺寸和分辨率）；图片色调需要根据整体设计效果调整；图片布局尽量多样化，形成统一中有变化的效果；图文排版完成后需要加入适当的底色或者辅助色调整；图片必须等比例缩放，不需要的部分可以裁切。

5.3 综合项目实战二——商业海报的图片排版设计

作为图片数量简而精的商业海报，排版前需要对图片要素解读与分析；排版过程中需要合理运用图片在画面中构图；排版即将结束前再次协调图片与文字的关系、图片与背景的关系以及图片之间的主次关系。具体操作步骤如下。

慕课视频

商业海报中的
图片排版设计1

慕课视频

商业海报中的
图片排版设计2

（1）本案例提供了若干图片素材，首先把图片浏览一遍，分清它们的主次关系。其中背景图片为绿色，而广告的主题为"蓝色印象"，因此可以先将背景图片色调调整为蓝色，使之与主题一致。

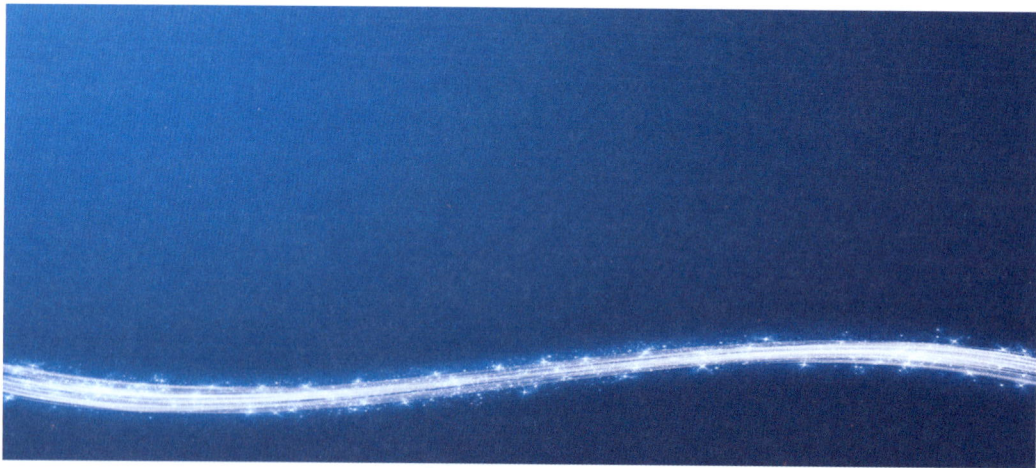

结合主题确定背景图片的色调

（2）浏览其他素材，其中有人物、花饰、产品、商标等。如果在版面中将产品比例或者商标比例放得过大，整体展示效果欠佳。因为这张商业海报中图片元素较多，如果是单纯以一个商标作为内容或者一个电子产品内容作为版面图形元素，可以考虑单独放大运用。而在这个具体案例中，可以将人物作为主体，将商标、产品、花饰及文字作为辅助元素与其呼应，形成平衡。根据人物图片的朝向，将其放置在版面右侧（将视线引导至版面左侧），调整大小比例。

确定主要图片素材并调整大小

（3）由于版面左侧较空，商标可以放置在左上角的位置，显得突出一些，同时与右侧图片内容呼应。

布局次要图片位置①

（4）产品图片素材虽然比例较小，但可以通过重复出现的方式排列在版面左下方光带的位置上。注意对每个产品图片色彩和大小的调整。这样在产品图片尺寸较小的情况下更易突出产品，也可以与主图形成平衡。产品图片的角度朝向应该与主图延伸进入版面的视线相呼应。

布局次要图片位置②

（5）商业广告文字的表现以简洁和鲜明为主，因此在本案例中使用磅数较大的广告字体更为合适。选择蓝色和白色作为字体颜色能够与版面背景和光带的色彩呼应。字体的位置偏向版面左侧也是为了与右侧平衡。

输入文字并排版

（6）添加花饰、丝巾、纹理等细节。在不影响主要元素表达的前提下，增加版面中的点、线元素，丰富版面细节效果。

添加细节要素完善版面

5.4 综合项目实战三——宣传单页中多种类型图片排版设计

在部分的版面设计中，既可以使用规整的矩形正方形图片，也可以使用抠取的图片作为图片要素。排版之前合理调整自由边缘图片和矩形图片的大小、位置关系。排版过程中正确运用图片在画面中构图，规划好图片与文字的对齐、图片与背景的关系。排版结束时仔细检查细节要素（点或线的元素）是否需要被补充上去。具体操作步骤如下。

慕课视频
宣传单页中的图片排版设计1

慕课视频
宣传单页中的图片排版设计2

慕课视频
宣传单页中的图片排版设计3

（1）本实战案例更加考验设计者对于图片的组织和驾驭能力。对于抠取图片和矩形图片同时使用，并且配有较多的文字版面，一方面需要处理好图片的主次关系，同时还要处理好图文的布局。可以先用参考线将页面分栏，形成垂直方向六栏的框架，便于接下来的图文布局。

搭建框架

（2）版面整体视觉流向为从上而下、从左至右。可以在版面上方放置大图和主标题，形成版面视觉起点区域。分析图片后，选择两张自由边形图片，分别放置在版面上方左边两栏和右边两栏，以形成平衡和呼应。

布局主要图片

（3）根据图片初步确定版面的色彩（下一章会具体讲到），将红色和灰色搭配作为标题字体的底色。

确定版面色彩

（4）输入标题文字，字体选择字重较重的广告字体，鲜明易识别。

设计标题文字

（5）版面下方的留白区域主要用于排列正文和小图。由于矩形图片较多，图片尺寸不一，可以将部分小图拼合，形成一个完整的面积区域，其他尺寸相近的深色矩形图片与文字穿插排列，从而形成整体而又有变化的版面效果。

次要图片排版①

次要图片排版②

（6）对文字进行排版。由于之前进行了栏的划分，所以将文字按照栏的设置与图片穿插布局，注意图片和文字边缘应对齐，同时注意副标题文字在字号和字重方面与正文的区分。在内容区域添加分割线，使版面形成以上下视觉流向为主的左、中、右3个区域；版面下方添加灰色色块与版面上方呼应，完成整体的设计。

排版正文并添加线元素

运用以上设计思路和方法可以通过不同的构图和视觉流向安排形成不同的版面效果，如向心式版面、对角式版面。

向心式构图的宣传页

对角式构图的宣传页

无论哪种形式的构图和视觉流向的安排，在以图为主、图文综合布局的过程中都要注意以下几点：第一是图的主次关系的管理，主要图片和次要图片的大小比例要区分开；第二是栏的设置，栏对于文字和次要图片或规则图片的布局可以起到较好的控制作用，使版面工整；第三是文字主次的区分，这可以通过字体、字重、字号、间距等设置；第四是细节元素的添加，比如用线元素分割版面、引导视觉列项，用点元素提示内容、点缀版面等。

扩展案例	慕课视频	扩展案例
主题网站界面设计	扩展案例－主题网站界面设计	杂志封面和内页的排版

慕课视频	慕课视频	慕课视频
扩展案例－杂志封面和内页的排版1	扩展案例－杂志封面和内页的排版2	扩展案例－杂志封面和内页的排版3

小结

本章主要介绍了版式设计中图片的分类方法。设计师在任何类型的版式设计中都需要对图片进行梳理；同时，在图片和版面背景的组合关系上、图片和文字的组合关系上需要做到层次清晰、块面分明；另外，图片也有许多灵活的处理技巧。后续章节将会更加深入地介绍运用图片元素进行排版的技巧。

思考

1.在排版之前应该对图片做怎样的选择和分类？

2.版面中常见的图文组合布局形式有哪些？

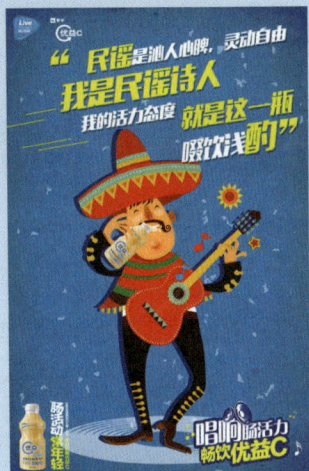

06

第6章 版式设计中色彩的处理和表现

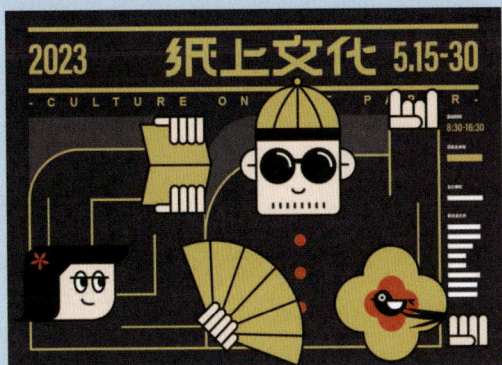

　　色彩是版面上必不可少的要素，设计师对整体色彩的把握直接关系到版面视觉效果的呈现。合理地使用色彩能够使版面丰富而有活力，不同基调的色彩能够准确地表现不同的设计风格，画面的色彩关系也直接引导了排版风格的表达。如果说图片和文字是搭建版面结构的基本要素，那么色彩就好比图文穿着的外衣，它点缀和装扮着这些要素，从而形成不同的版面风格。

6.1 色彩概念和基本理论

　　从平面设计的角度看，色彩是可视的，对人有情感影响的，客观存在的颜色状态。色彩的3要素包括色相、明度、纯度，无论从绘画角度还是从设计角度出发，这些都是进行色彩搭配的基础。

　　下面两个版面设计的案例，一个会使人觉得热情鲜亮，另一个却带给人一种轻盈恬静的感觉，其根本原因是不同色彩给人带来了不同的感受。

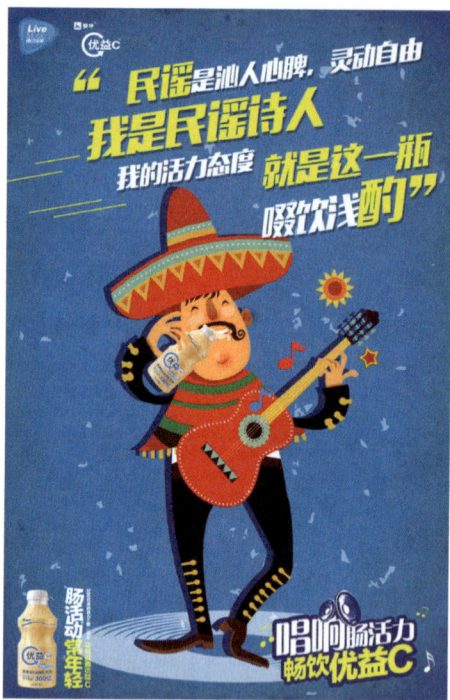

色彩热情鲜亮的海报设计

色彩轻盈恬静的文化海报设计

6.1.1 色相的使用

　　版面设计中色彩的第一要素是色相。色相是每种颜色的相貌，是区分颜色的主要依据，是色彩的最大特征。在色相搭配中，同类色的搭配及色相环中邻近色的搭配给人统一和谐的感觉。对比色搭配及色相环中相对的颜色组合在活跃画面的同时会给人不安定感。因此，如果想营造对比强烈的版面效果，可以使用色相环中相对的颜色搭配，反之则使用色相环中相邻的颜色搭配。

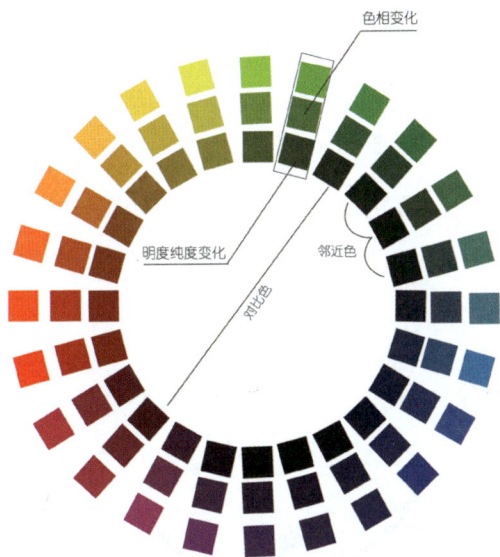

色相变化

明度纯度变化

邻近色

对比色

版面配色过程中可供参考的色相环

版面色彩对比效果强烈

版面色彩效果和谐

6.1.2 明度和纯度的使用

明度是色彩的明暗差别，即深浅差别。明度高的色彩组合的版面轻松、明快，明度低的色彩组合的版面深沉、稳重。纯度是各种色彩包含的单种标准色的多少，纯度越高，色彩感觉越强。儿童类读物往往采用纯度高的色彩展示，其鲜亮、饱满的色彩往往是儿童的最爱。文学书籍、画册的设计在色彩选择上往往适于采用纯度低的色彩，以体现其品位和稳重感。下面的两个案例中，前者是文化招贴，在色彩使用上选择纯度较高、较为鲜亮的颜色；后者是号召保护动物的公益宣传海报，采用了明度高、纯度低的色彩，使整体的风格庄重、稳定。

纯度高、鲜亮的招贴设计

纯度低、柔和的海报设计

6.2 版式色彩设计的方法

慕课视频

版面色彩设计
的方法

如果仔细观察系列版式设计的每一个单元版面，会发现其中均有贯穿的主色调和变化的辅助色调存在。在排版过程中为了保证色彩与内容贴切，并保证整个版面色彩系统的贯穿和协调，需要对版面色彩进行设计规划，一般有以下几个步骤。

6.2.1 确定主色调

为了避免杂乱，获得统一的视觉效果，排版需要根据所表现的内容确定1~2种起支配作用的主色，从而获得统一的色彩效果。因此，在版面色彩设计的过程中，根据设计内容定位设计风格后，首先要确定版面的主色调。

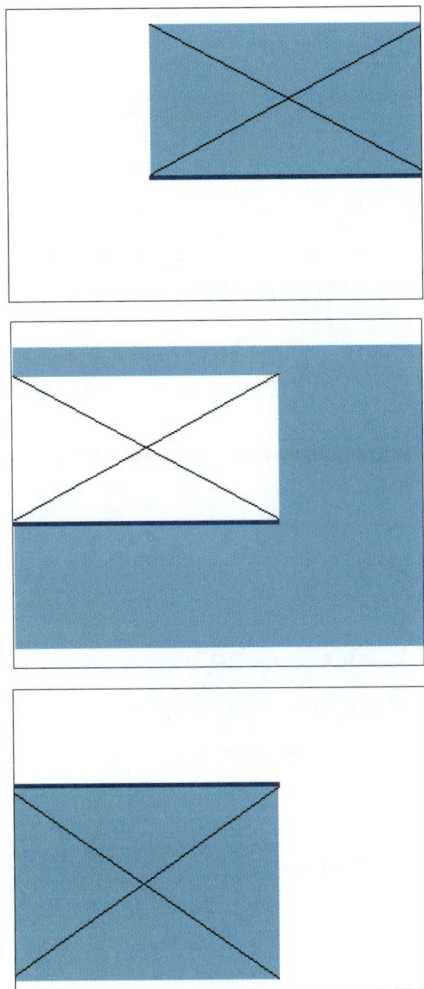

版面主色调为蓝色和白色

6.2.2 确定色彩搭配可视度

在主色调确定后，根据主色调和设计主题可以选择运用到版面中的搭配色。如果辅助色与主色调的色相、明度、纯度接近，整个版面会带给读者柔和、平静的感受；反之，辅助色与主色调差异大，加上明度和纯度的调整，会使整个版面看起来反差强烈、跳跃。

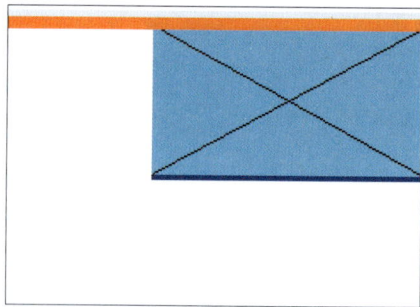

辅助色调为橙色、灰色

6.2.3 色彩比例的分配和色彩在具体要素中的运用

接下来的步骤经常与前两步同时进行，在多数的版面中一比一的色彩比重分配（一半主色一半辅助色）的情况较少。主色和辅助色会以七比三或六比四的关系分配，使得版面在色彩方面也存在轻重节奏的变化。版面色彩不仅指运用在背景、图片、图形中的颜色，文字也需要根据配色要求适当调整。特别要注意的是图片作为版面中的重要元素本身就具备色彩，因此可以在图片中寻找和确定版面中的色彩搭配。

基于色彩基本原理进行排版配色是为了贴合主题风格并完善整体版面效果。

调整主色和辅助色的分配比例

慕课视频

版面色彩设计
案例分析

扩展图库

国外画册版式
色彩设计

扩展图库

品牌推广版式
设计

扩展图库

文化画册版式
色彩设计

扩展图库

网页页面版式
色彩设计

6.3 综合项目实战——电子产品宣传单页色彩设计

慕课视频

电子产品宣传
单页色彩设计

假如设计一份电子产品宣传单页，在同样版式、同样内容的前提下，使用不同的主色和辅助色搭配会产生怎样不同的效果？本则项目实战是很好的尝试。原作品为黑白主色加灰色辅助色，简单经典。但是经过调整后的每个作品各具特色。具体调色方案如下。

（1）第一个方案将背景图形调整为紫色，相应文本的颜色也跟随主色调。紫色和白色的对比同样强烈，辅助色为深紫色，数字标题的颜色与辅助色一致，整个版面鲜明清爽。

黑白色调的版面

紫白色调的版面

（2）第二个方案将背景图形调整为深绿，数字标题和相应文本跟随主色。版面整体背景为浅灰绿，辅助色为灰色。版面色调较为和谐。

不同纯度的绿色搭配

（3）第三个方案将背景图形调整为橙色，数字标题跟随主色。版面整体背景为黑色。辅助色为白色，文本内容与辅助色白色一致，版面色调突出厚实。

橙色和黑色色调搭配

6.4 综合项目实战二——文化招贴中的配色设计

下面的实战案例是为以"纸上文化"为主题的会展做文化海报的配色。在基本版面构图框架和图形要素具备的前提下，设计师需要结合主题以中国书籍和中国纸张为中心，考虑版面中采用的主色、辅助色以及搭配的比例问题。具体操作步骤如下。

慕课视频

文化招贴中的
配色设计

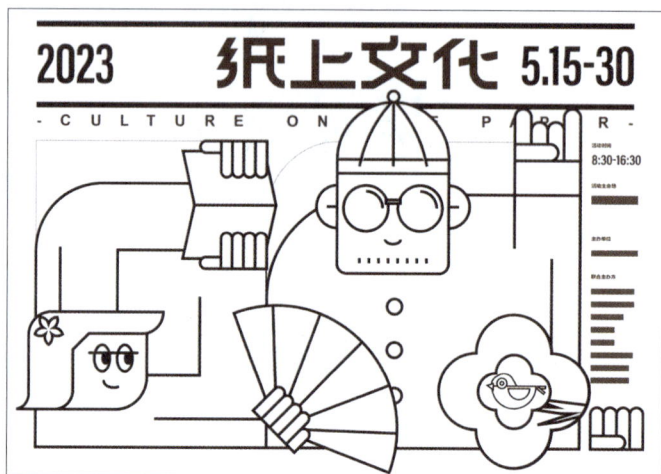

版面构图与基本图形元素

慕课视频

校园文化招贴
配色设计

（1）主色调的定位。以"纸上文化"为主题，需要联系到中国源远流长的纸墨文化。因此，如墨色的黑可以作为版面的主色，占据大约百分之六十的比例，为整个作品提供浓郁庄重的基调。

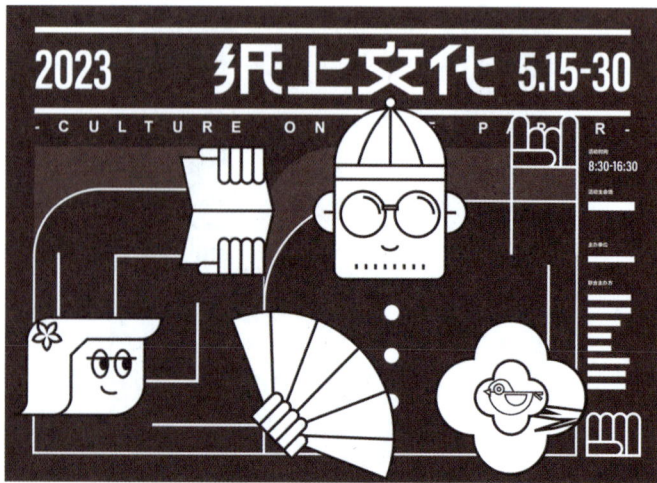

版面主色和比例的确定

（2）辅助色调为两种。首先可以添加与纸张相关的灰暖色调，比例控制在大约百分之三十，形成切合主题的色彩基调。

版面辅助色和比例的确定①

（3）第二部分辅助色调的添加是为了点缀和提亮整个版面。选择鲜艳的红色和明亮的肤色，使用比例控制在百分之十左右，起到画龙点睛的作用。

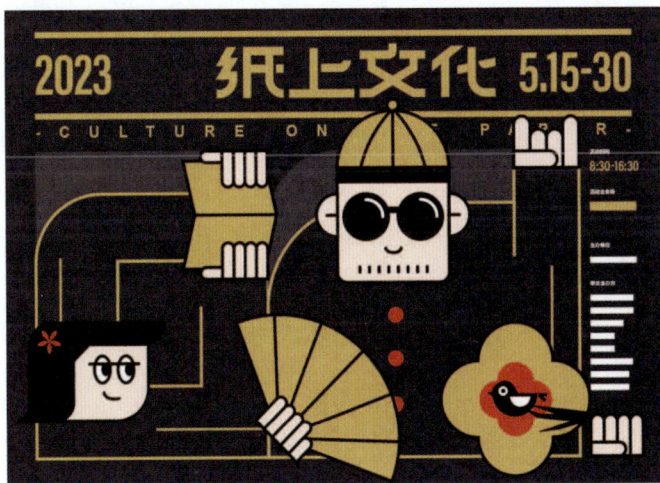

版面辅助色和比例的确定②

总之，在不同媒介和不同主题的排版设计中，都需要考虑色彩搭配问题，明确主色和辅助色，按照色彩搭配的步骤合理控制彼此的比例关系，形成具有鲜明主色调而不失细节的色彩效果。

小结

　　本章在色彩搭配原理的基础上，掌握版式色彩配色的基本步骤和方法。对于版面整体色彩的把握关系到全部要素内容的系统性、协调性、呼应性。这需要设计者在排版过程中不断地琢磨如何将色彩搭配方案在图片、图形、文字、背景中合理穿插运用。

思考

1.色彩的三要素是什么？

2.版式色彩搭配的基本步骤是什么？

07

第7章　版式设计的基本类型

　　20世纪30—40年代，随着经济的复苏和社会的发展，在设计和信息传播领域，一种新的版式设计类型在西欧兴起，不同于以往的传统版面设计形式，其严谨、规范化、统一性、实用性以及富有极强的理性思维概念的表现形式迅速风靡全世界，后来被称为国际主义平面设计风格，又被称为网格版式设计风格。随着网格版式在商业领域的广泛运用，很多设计师逐步认识到其单调、呆板和过于格式化的缺点，于是在20世纪60年代，以美国平面设计师为代表，开创了更加多元化的版式设计风格。本章主要围绕理性的商业化的网格版式和感性的商业化与非商业化并存的自由版式两种基本类型展开讲解。

7.1 网格版式设计

网格是用来排列布局版面元素的一个框架，主要目的是帮助设计师在设计版面时形成明确的设计思路，创建系统化的版面。网格的运用能够让设计师在设计过程中考虑得更全面，更精细地编排设计元素，更好地调整版面的节奏。网格的设计规则起源于西欧，起初是通过数字比例关系在版面中设置成比例变化的块面，并调整组合。

慕课视频

网格版式设计
的概念

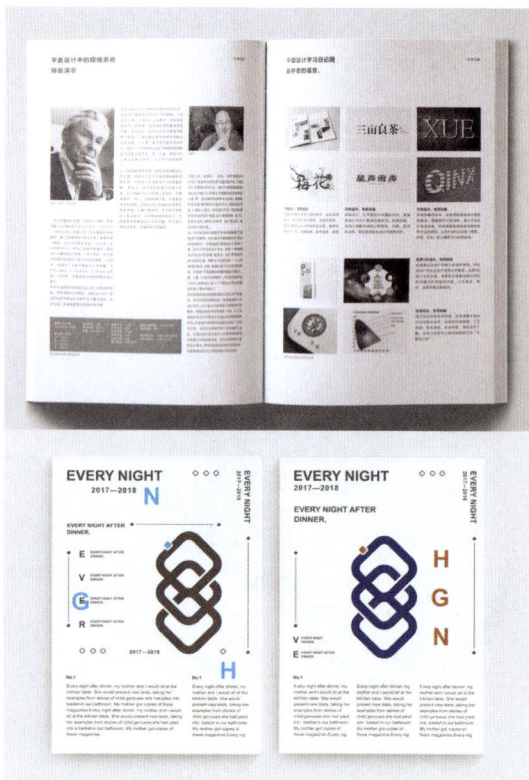

7.1.1 网格版式设计的概念

（1）网格版式设计的产生背景

在平面设计中运用网格离不开建筑对其深刻的影响。作为版式设计的一种，网格版式设计产生于20世纪初的西欧，完善于20世纪50年代的瑞士。其风格特点是运用数字比例关系，通过严格的计算，把版心划分为无数个严格统一的网格。随着其不断发展，网格版式设计成为一种成熟并被广泛应用的方法，可以运用在各种平面设计领域，包括书籍装帧设计、杂志设计、样本设计、报纸排版设计中。进入21世纪，随着信息化交互媒体的出现，网格版式被进一步运用在人机交互类型的界面设计中。

网格版式的创建，不仅为平面设计带来了严谨规范的设计风格，也为现代版式带来了统一的规则和标准，具有严谨、简洁、规则、朴实的特点；但它同时也给版面带来了呆板的效果。现代设计师在运用网格版式设计的同时，应该适当打破网格的约束，使版面更生动活泼。右图中上方为严谨的传统网格排版，下方的现代网格在传统网格的基础上对视觉要素的对比做了更多的调整，在当下的海报、书籍、杂志设计中较为常见。

传统网格与现代网格的对比

在网格版式中，拟定的面积比例变化是如何运用的呢？下图三个同样面积的版面，运用2∶4∶8的面积比例关系组合布局。虽然每个版面组合方式不同，每一块组合面积中可以具体放置文字或图片，但从整体来看却是一种有序的变化。这种变化不仅没有扰乱版面的秩序，反而为版面带来了节奏的变化。

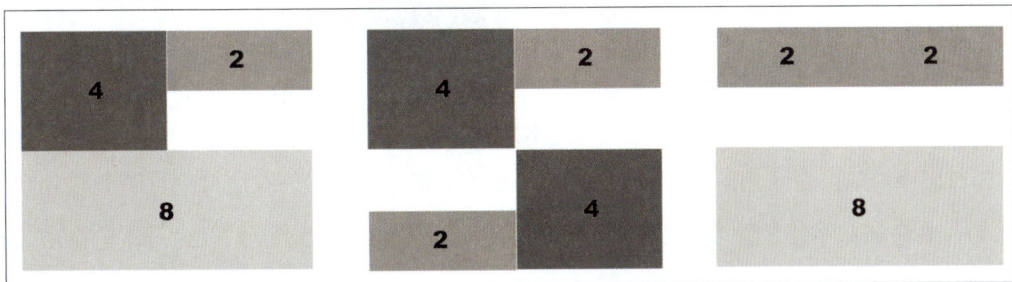

面积比例关系在网格中的运用（不同深浅的灰色块面代表不同内容的图片、文字的置入）

（2）网格版式设计的内涵

网格版式设计是将版面划分为若干个面积相等的单元格，按照单元格的倍数成比例地设定面积比例关系，并将特定的面积比例关系以重复和变化组合的方式运用在版面中，使图片与文字的排列关系次序化、条理化、规范化，在视觉效果上达到和谐与统一，在内容传达上做到清晰与符合逻辑。简言之，对版面进行单元格分割，并运用数字比例关系将文字和图片嵌入其中的组织编排方法就叫作网格版式设计。

7.1.2 网格版式设计的基本形式

慕课视频

网格版式的类型1

慕课视频

网格版式的类型2

网格版式可以在不同媒介、不同尺寸的版面中搭建。依据版面尺寸的不同和排版媒介的不同，网格划分的基本形式也会相应变化。常见的网格版式有以下几种。

（1）水平垂直式网格

水平垂直式是网格版式设计中最常用的形式，是指根据版面面积用水平线和垂直线将版面分割为单位面积相等的单元格，为单元格设定面积比例关系进行排版。一般来说，单元格的数量会随着版面面积的增大而增多。以下是水平垂直式网格的设计形式。

① 2×4的网格采用的是纵向2栏[①]横向4栏的网格划分形式，在版面中可以形成8个单元格，版面的面积比例关系可以是1∶2∶4。这种形式的网格一般运用在书籍、DM单页[②]排版中。

---

① 栏：版面纵向和横向等距离分割形成的区域。
② DM单页：宣传商品的直邮（Direct Mail）广告单页（册子）。

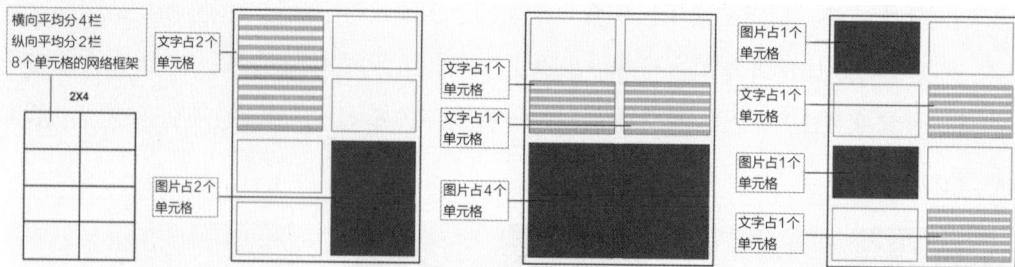

（要素在连续页面运用的基本面积比例关系为1：2：4）

1：2：4的面积比例关系运用

② 4×4的网格采用的是纵向4栏横向4栏的网格划分形式，在版面中可以形成16个单元格，版面的数字比例关系可以是1：2：4：8。这种形式的网格一般在大开本的杂志、宣传册中使用。

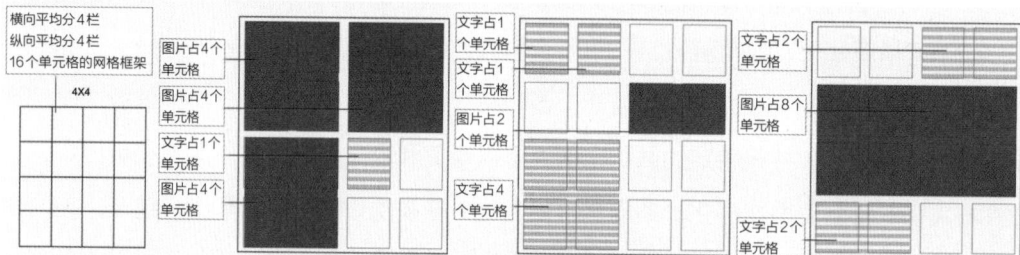

（要素在连续页面运用的基本面积比例关系为1：2：4：8）

1：2：4：8的面积比例关系运用

③ 5×4的网格采用的是纵向5栏横向4栏的网格划分形式，在版面中可以形成20个单元格，版面的数字比例关系可以是1：2：4：8：16。这种形式的网格一般运用在报刊的版面设计中。

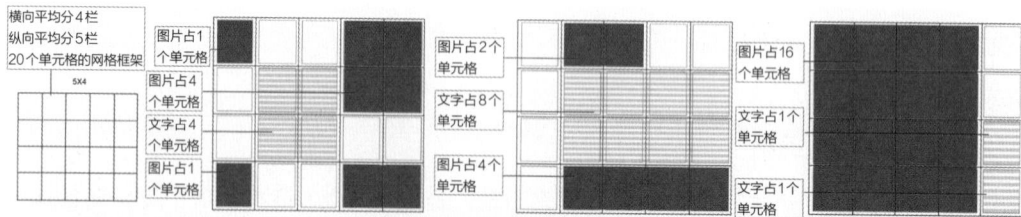

（要素在连续页面运用的基本面积比例关系为1：2：4：8：16）

1：2：4：8：16的面积比例关系运用

总的来讲，单元格可以随着版面面积的增大而增加，单元格数量的增加也使运用其中的数字比例关系更加丰富。除了以上介绍的3种形式之外，设计师也可以根据版面大小和需要来设计新的单元格和面积比例关系。

除此之外，在网格版式设计中还需要注意以下一些问题。首先，单元格纵向与横向的排列可以形成栏，栏与栏之间必须要保留间距，同时间距必须一致；其次，栏数的多少与版面大小有关，版面增大，栏数会相应增加；最后，前面章节提及的字间距、行间距和图片布局的方法，要结合划分的网格调整。

（2）成角式网格

成角式网格版式设计是在水平垂直式网格的基础上将版面旋转30～45度，使版面的整体效果更加活跃和具有动感。

成角式网格

（3）非对称式网格

非对称式网格也遵循水平垂直式网格的划分形式，常运用在连续的两个对页中，以增加左右版面的变化，在杂志和书籍的排版中常见。例如下图所示对页左页版面是2栏8个单元格，右页版面是3栏9个单元格，在左右两个网格中被运用的要素组合面积也不同。

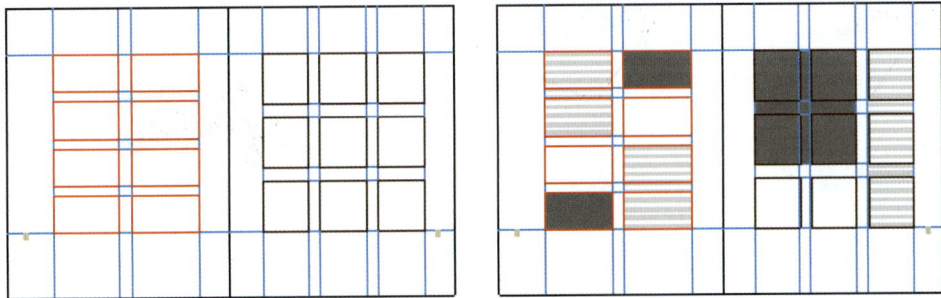

非对称式网格

（4）叠加式网格

叠加式网格是在同一版面中套用两种甚至两种以上的网格框架，使得版面在整齐规律的框架中呈现更加丰富的变化形式。相对于单一网格框架的限定，叠加式网格可以使用重叠的面积比例关系排版，但是其中的图片和文字均需要按照网格框架限定的面积布局，不能在网格与网格交错的空间中随意地排列。

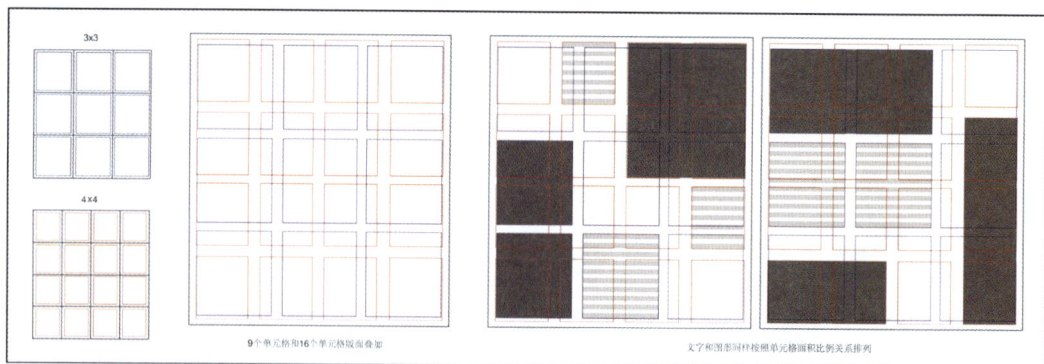

3x3

4x4

9个单元格和16个单元格版叠加

文字和图形同样按照单元格面积比例关系排列

叠加式网格

网格版式设计是严谨而有规律的，很多设计师为了进一步追求版式设计的严谨性，甚至可以细致到把每一个字符所占的面积作为一个单元格进行版式设计。

7.1.3 网格版式设计的步骤

慕课视频

网格版式设计的步骤

慕课视频

网格草图的设计

（1）设定出血线

出血线是用来界定版面中图片或图形的哪些部分需要被裁切掉的参考线。出血线以外的部分会在印刷品装订前被裁切掉，因此出血线也叫裁切线。出血线的宽度一般是3mm，设定出血线主要是为了在后期印刷裁切过程中形成不留白边的效果，出血线在特别针对图片的版式设计中出现得比较多。

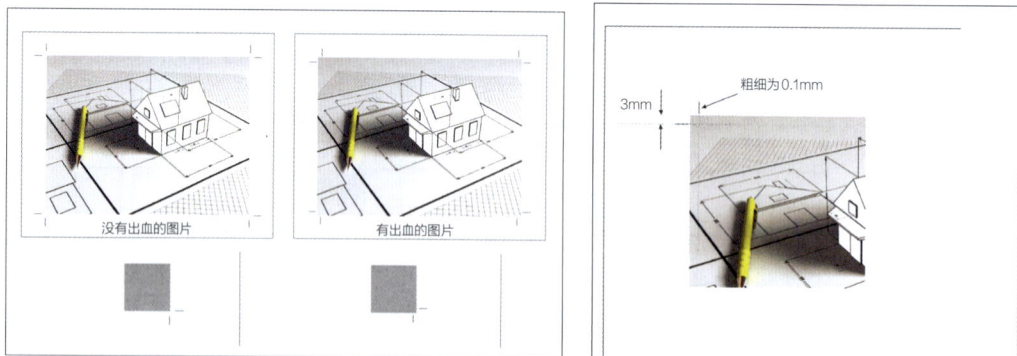

没有出血的图片   有出血的图片

图片在出血线内与图片在出血线外

3mm

粗细为0.1mm

出血线的宽度与粗细

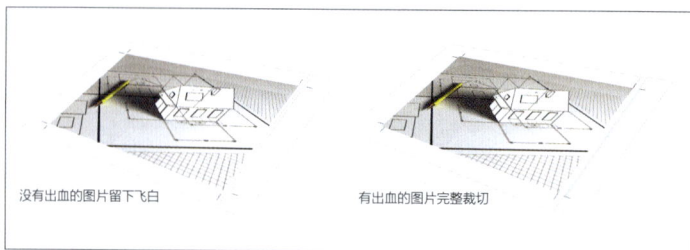

没有出血的图片留下飞白   有出血的图片完整裁切

裁切过程中出血线的作用

（2）分格与分栏

运用网格版式设计的基本原理，将版面分成相等的单元格，并控制单元格和单元格之间的间距。这为后续的版式设计工作提供了一个严谨的框架。根据版面的尺寸和需要，可以设定不同的单元格数以及单元格之间的间距（即栏间距）。需要注意的是，网格版式设计中单元格距离版面上下左右的4条边要保持一定的距离，使得内容基本集中在版心[①]范围内，减轻版面边缘部分的压迫感。

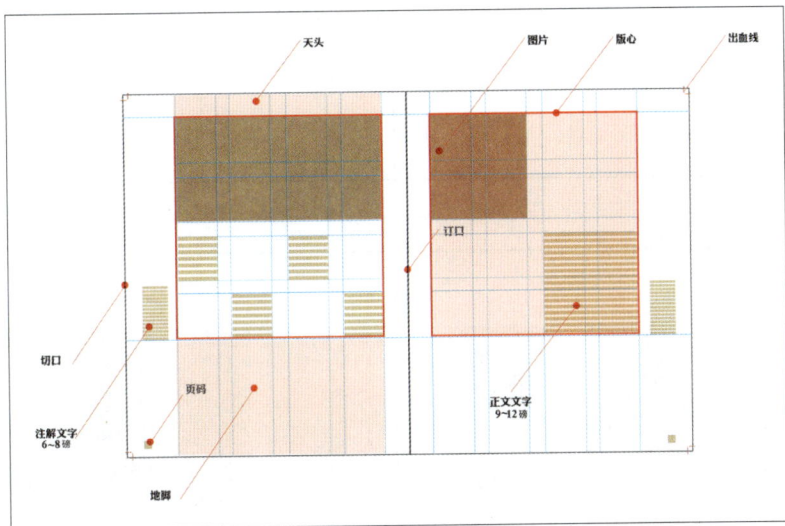

网格版面内各部分名称示意

将以上版面简化后按照分格和分栏的方法，可以得到很多网格样式。在连续版面版式设计面过程中，一旦形成了固定的网格和栏的框架模式，版面结构一般不能随意调整，这也是为了保证连续版面版式设计的系统性。

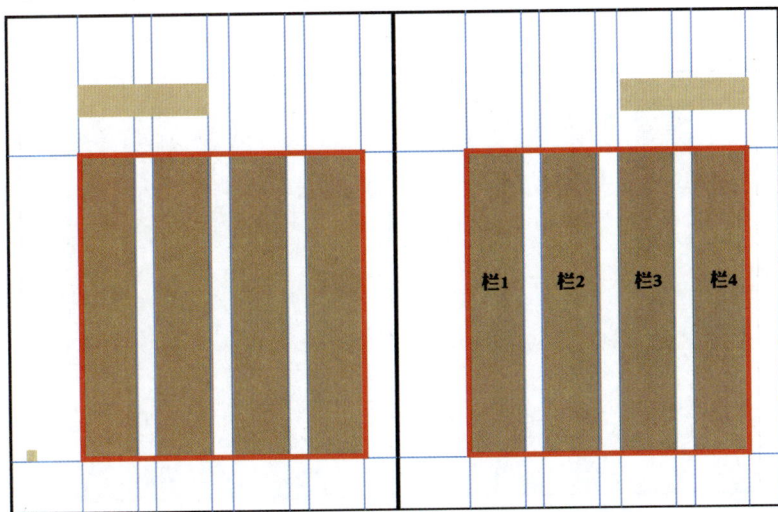

左右对页各四栏版心偏下的版面（红色线框内的区域为版心）

① 版心：从版面中心点向外扩展的范围，是版面中主要元素集中布局的区域。

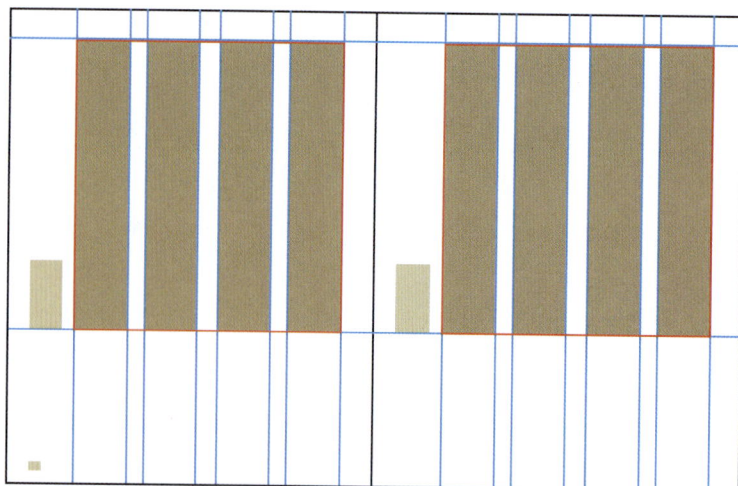

左右对页各四栏版心偏上的版面（红色线框内的区域为版心）

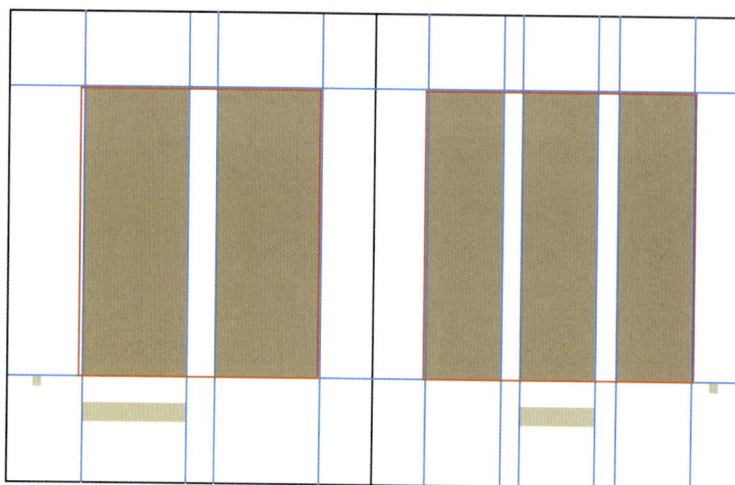

左页两栏 右页三栏版心居中的版面（红色线框内的区域为版心）

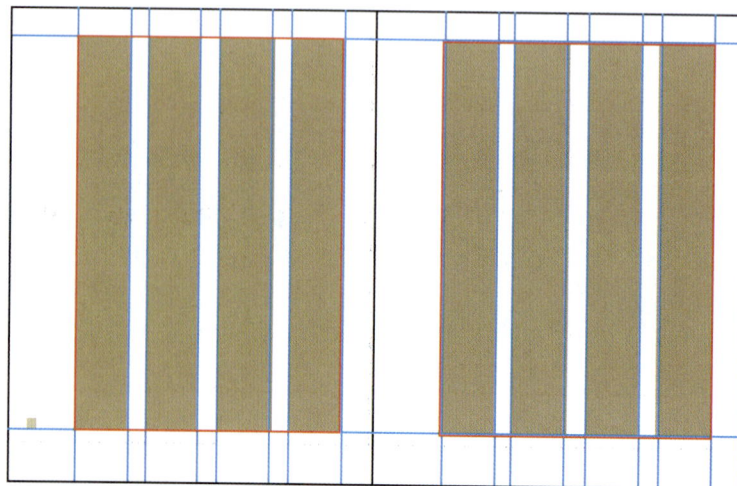

左右对页各四栏 版心面积较大留白较少的版面（红色线框内的区域为版心）

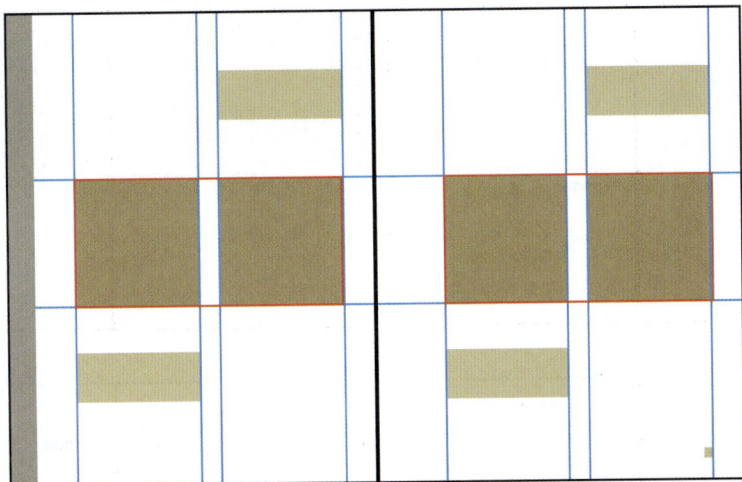

左右对页各两栏 版心面积较小留白较多的版面（红色线框内的区域为版心）

（3）版面要素的具体布局

将图片与文字按照数字比例关系嵌入版面中，综合考虑其在版面中的变化。布局是形成版面统一中有变化效果的关键步骤。下图版面中就是图片与文字组合的案例[①]。

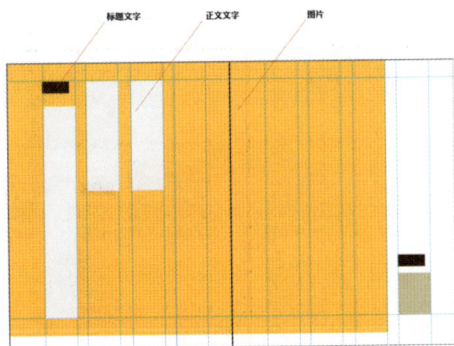

版面要素的布局样式①

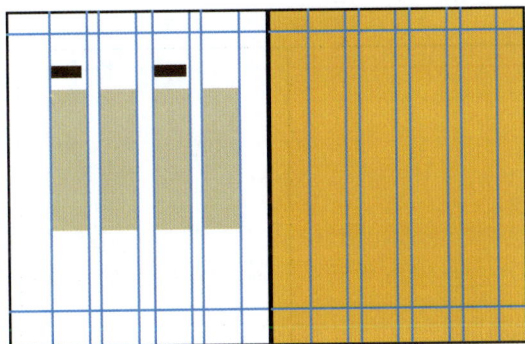

版面要素的布局样式②

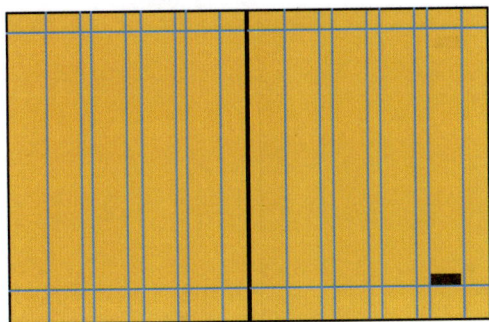

版面要素的布局样式③

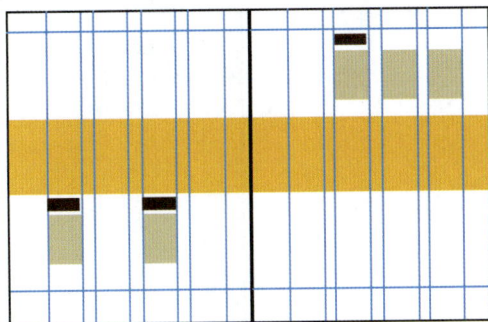

版面要素的布局样式④

图片与文字组合的版面

---

① 案例中，橙色代表图片，图中更像卡其色，白色代表正文文字，深棕色代表标题文字。

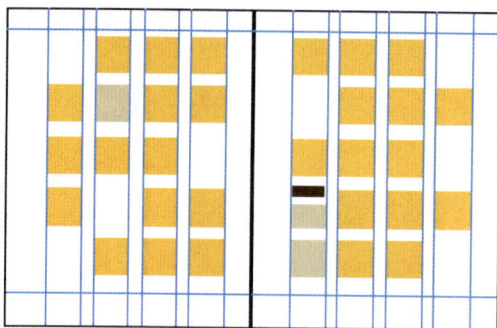

版面要素的布局样式⑤

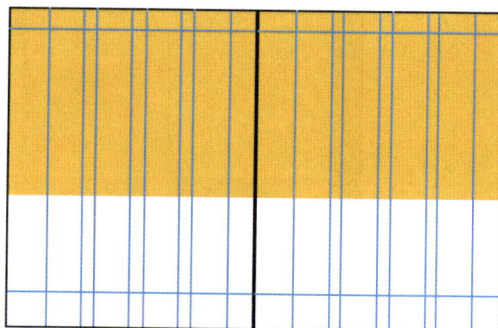

版面要素的布局样式⑥

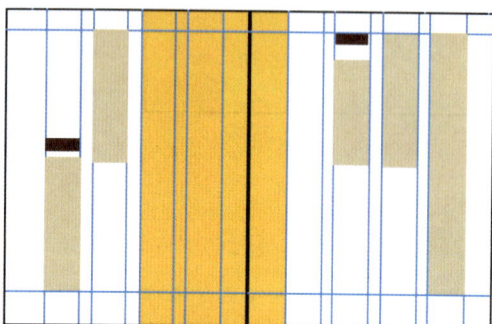

版面要素的布局样式⑦

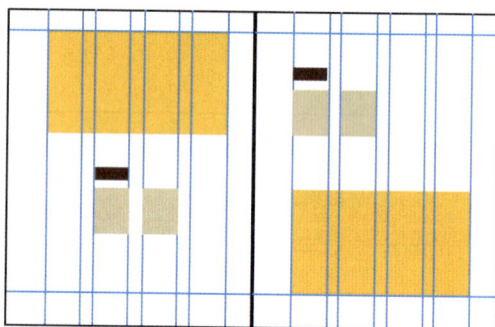

版面要素的布局样式⑧

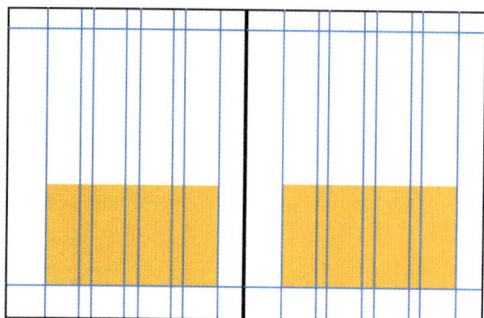

版面要素的布局样式⑨

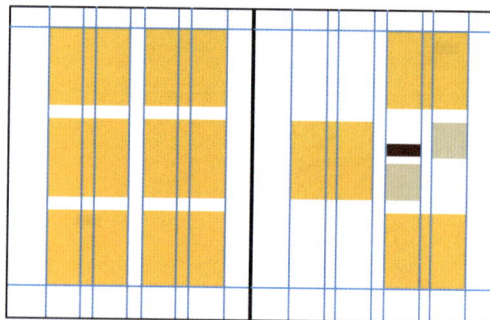

版面要素的布局样式⑩

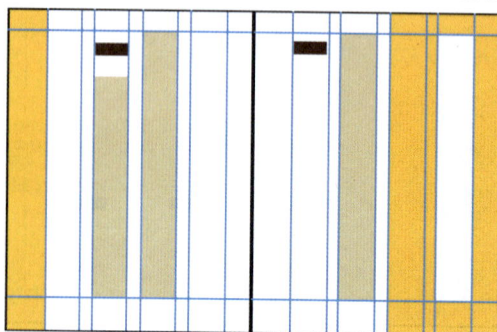

版面要素的布局样式⑪

图片与文字组合的版面（续）

（4）控制版面留白与节奏

　　在排版所涉及的内容中，除了报纸、商品宣传册的版面比较紧凑热闹，杂志、画册等的版面多多少少会有空白的面积出现，这在版面中称为留白。控制留白的目的是使版面形成或紧凑、或适中、或轻松的节奏变化，节奏变化在网格版式设计中起着十分重要的调节作用。留白较多的版面大气平静，留白少的版面热闹活跃，留白的出现还可以减轻固定网格模式给读者带来的审美疲劳。

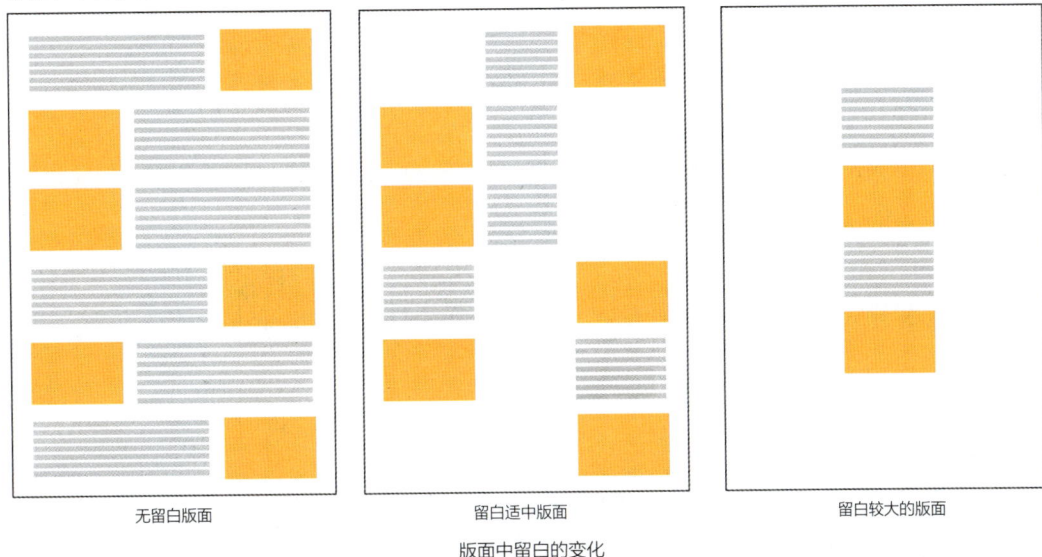

| 无留白版面 | 留白适中版面 | 留白较大的版面 |

版面中留白的变化

此外，在符合行业规范的网格版式设计中，设计师一般在用计算机软件辅助版式设计之前会绘制草图，做好版面划分和布局设计准备。有些设计师甚至会借助计算机软件绘制精准的设计草图，以便为后续的版式设计厘清思路。

网格排版手绘草图

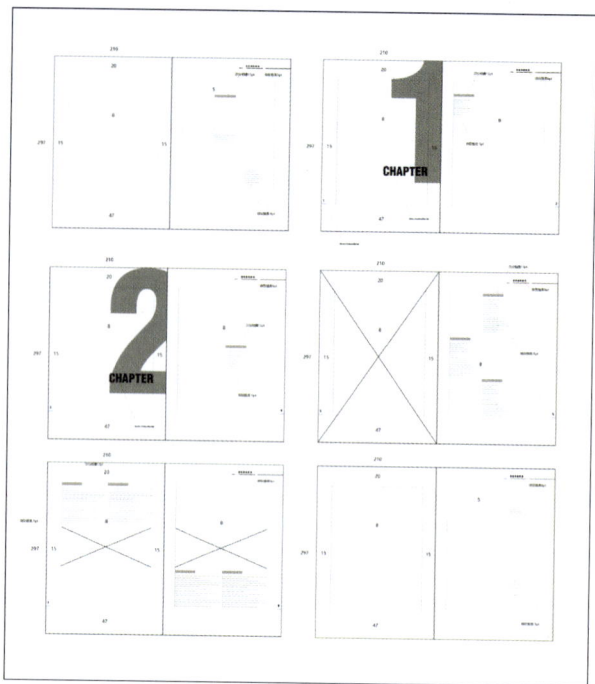

网格排版电脑制作草图

慕课视频

自由版式的概念
和特点

7.2 自由版式设计

与网格版式不同，自由版式设计无须搭建页面框架，也没有对于版面要素在页面中面积比例变化的理性限定，表现形式多样。自由版式的出现始于人们规避理性审美疲劳的要求。在常规书籍、杂志版式设计之外，设计师一直在寻找更加具有视觉吸引力和个性的版式设计风格，自由版式设计随之出现。自由版式设计的要素也是图、文字和色彩，不同的是其组织方式不一样。在自由版式设计逐步形成和运用的过程中，设计师也总结出其中的一些特点。

扩展图库

自由版式

7.2.1 自由版式设计的概念

从字面上理解，自由版式设计是无任何限制的设计，它是通过版式要素的自由组合排列而形成的一种版式风格。如果说网格版式做到了"形不散与神不散"，自由版式则是"形散而神不散"。需要注意的是，自由不等于漫无目的地瞎涂乱画，也须遵循版式设计的规律，例如合理的构图、合理的视觉流向、点线面要素特征的体现等。

7.2.2 自由版式设计的特点

在长期的设计积累过程中，自由版式设计逐步形成了一些规则，或者归纳为自由版式设计的特点。在版式设计过程中，如果能够把握以下特点，就基本能够用好自由版式。

（1）版心无疆界性

网格版式的版心在版面的中心，从中心向四面辐射。自由版式的版心则不一定在版面中心，甚至不一定在版面中。

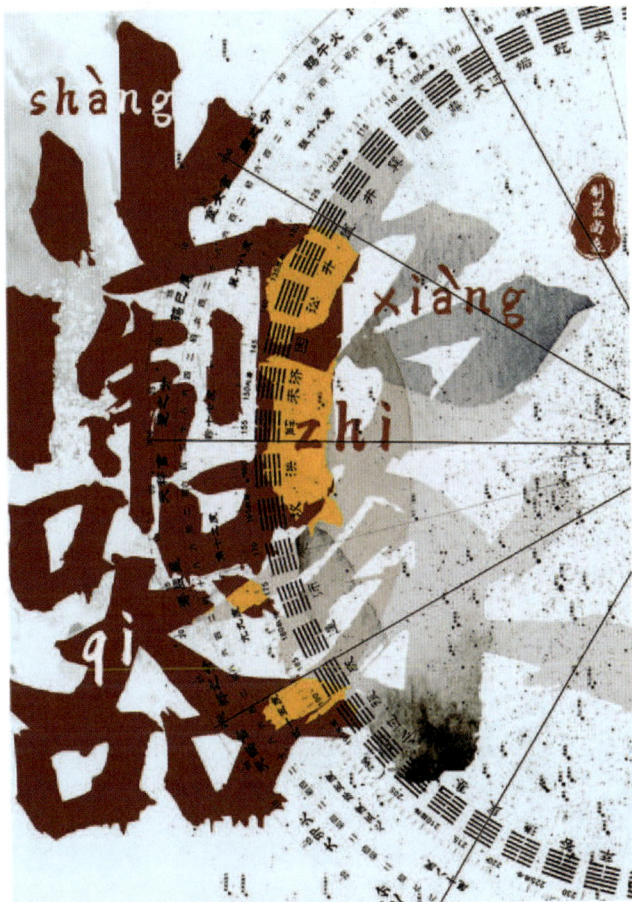

自由版式海报设计②

自由版式书籍设计

自由版式海报设计①

版心无疆界性版式设计

（2）字图一体性

自由版式中，文字不再仅仅是传递可读信息的部分，设计师能够更具想象力地发挥文字的图形表现特点：可以将文字图形化，使文字与图形有更加亲密的互动；可以运用虚实结合的手法达到使字图融为一体的目的；也可以运用字图叠加的方法创造层次，增加画面的空间厚度。

117

自由版式设计作品①

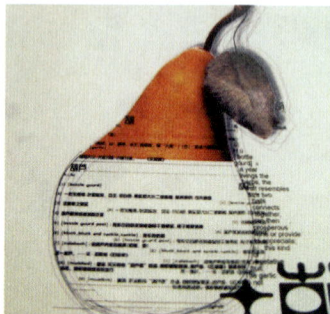

自由版式设计作品②

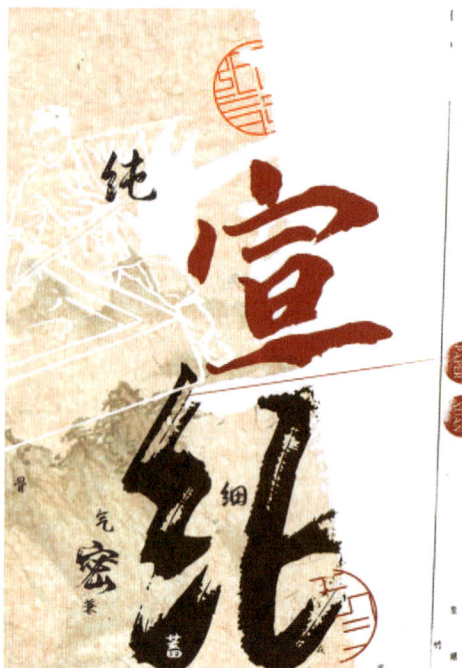

自由版式设计作品③

字图一体性版式设计

（3）解构性

解构就是对原有古典的和以数理为基础的排版秩序结构的肢解，是对传统版面的解散和破坏。它运用了不和谐的点、线、面等元素与破碎的文化符号去重组新的版面形式。自由版式中的解构在于对原有图和文字要素的拆分和重新组合，但这种解构是在不影响信息传达的基础上进行的。

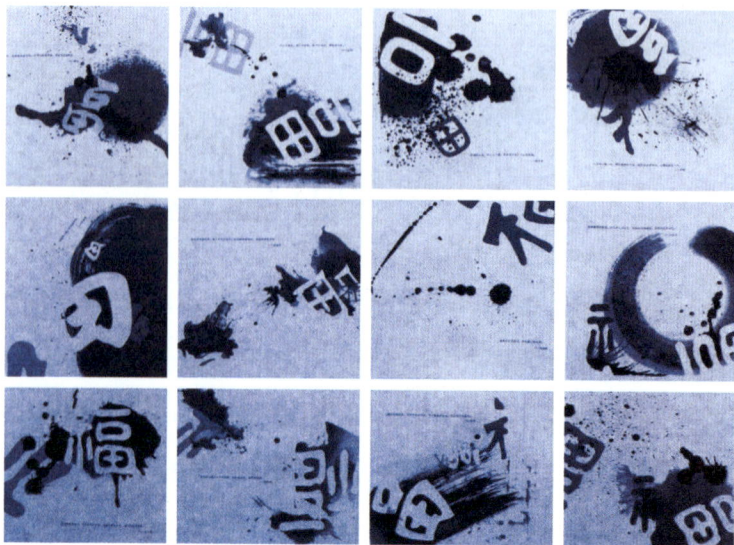

"福"字的解构

（4）局部不可读性

自由版式中的不可读主要针对文字，"可读"是设计师在安排版面的过程中认为读者应该清晰理解的部分，包括文字的大小和清晰度。"不可读"是无须逐字逐行理解的部分，在处理手法上常常把文字缩小、虚化、重叠、复加、拆分等，这是增强此类版面肌理效果和节奏变化的有效方式。

文字的叠加形成不可读的效果

文字的虚化形成不可读的效果

以上是自由版式最突出的4个特点，也是设计自由版式过程中要抓住的4个要点，在版式设计过程中满足其中2~3点，就能够形成具有自由版式风格的展示效果。自由版式虽没有网格版式的普及性强，但时代和审美的发展也在推动着这一版式风格不断成熟和完善，其在现代招贴设计、书籍装帧、包装设计、个性网页设计、DM单页设计中也越来越为读者所熟知。

运动主题系列自由版式设计①

运动主题系列自由版式设计②

运动主题系列自由版式设计③

运动主题系列自由版式设计

城市主题系列自由版式海报设计①

城市主题系列自由版式海报设计②

城市主题系列自由版式海报设计

7.3 综合项目实战一——商业杂志网格版式设计

慕课视频
商业杂志网格版式设计1

慕课视频
商业杂志网格版式设计2

　　作为商业杂志的网格版式，系统化设计不仅体现在为正文页面的网格化排版布局，还涵盖目录部分。此类设计的整体版面布局规范、系统，同时具有良好的节奏变化。具体操作步骤如下。

　　（1）首先设定出血线，然后根据版面大小运用分栏法划分单元格。单元格数量可以控制在一个单页4个或者一个对页8个。根据单元格数量设定要素的面积比例关系可以定为1:2:4或2:4:8，注意单元格与版面的4条边要保持一定的距离。

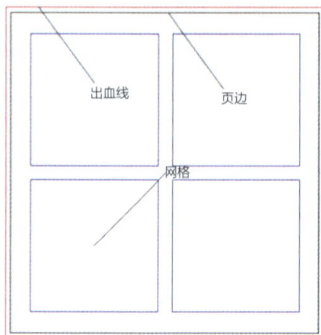
单面目录

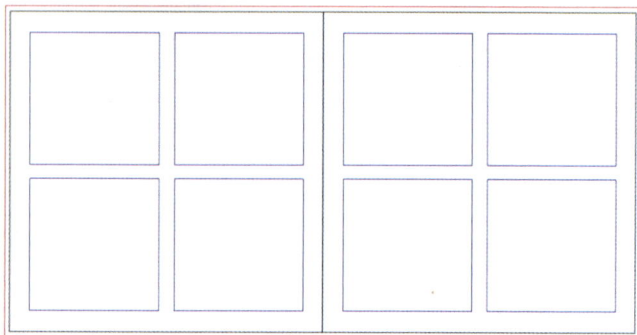
对页排版

确定商业杂志的网格框架和出血线

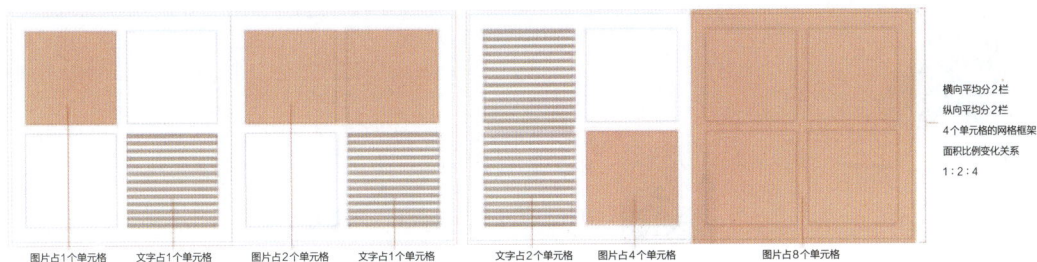

横向平均分2栏
纵向平均分2栏
4个单元格的网格框架
面积比例变化关系
1：2：4

图片占1个单元格　　文字占1个单元格　　图片占2个单元格　　文字占1个单元格　　文字占2个单元格　　图片占4个单元格　　　图片占8个单元格

面积比例变化关系为1：2：4的版面

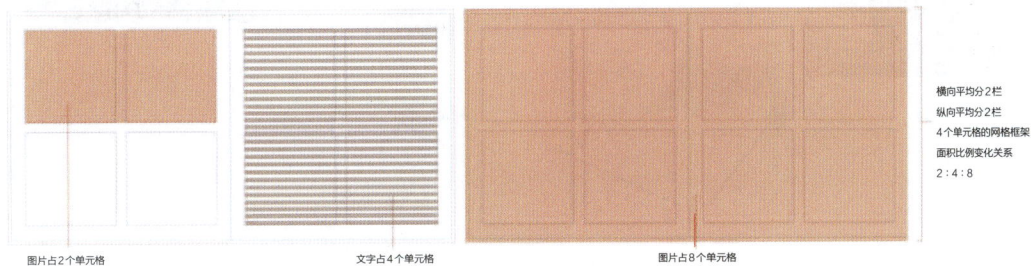

横向平均分2栏
纵向平均分2栏
4个单元格的网格框架
面积比例变化关系
2：4：8

图片占2个单元格　　　　　　文字占4个单元格　　　　　　　图片占8个单元格

面积比例变化关系为2：4：8的版面

（2）在布局过程中按照已建立的网格框架和设定好的要素面积比例变化关系分配图片和文字，注重节奏的调整。在图片排版方面，节奏的调整包括在连续版面中图片色调深浅和冷暖的搭配，也包括在连续页面中图片面积的变化。这样不仅容易与文字组合，也容易控制整体版面节奏。在文字排版方面，文字需要严格按照单元格的位置放置，并按照要素的面积比例关系配合图片适当使用。下图中通过布局已经初步形成了版面的节奏变化。

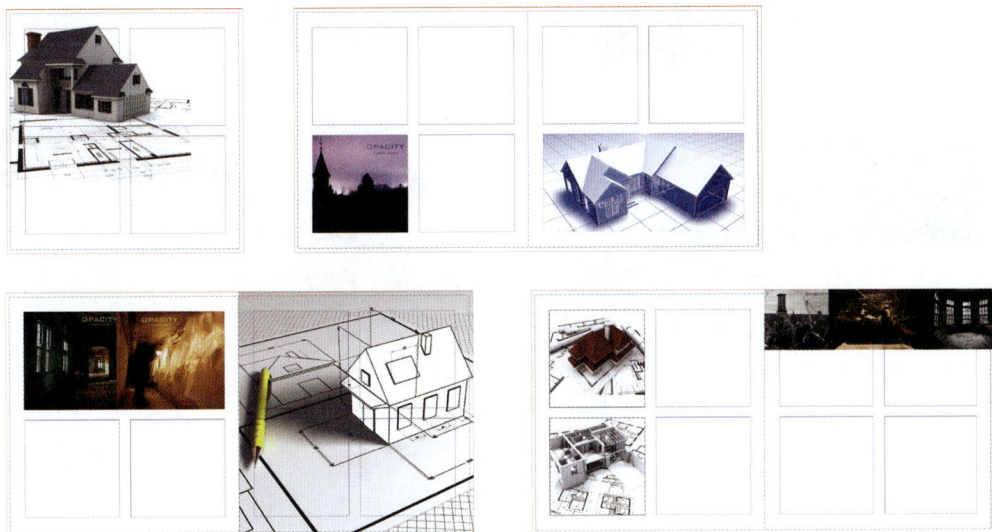

图片的布局

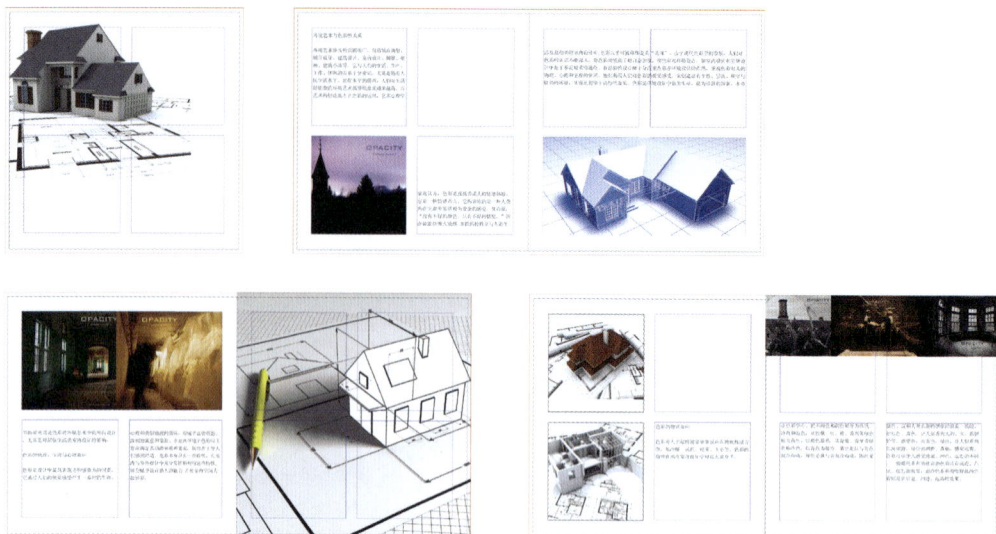

文字的布局

（3）为了进一步突出版面的留白和节奏，需要为版面添加主色调和辅助色调，这样版面更加有连续性。此版面中由于背景为白色，图片主要偏灰冷色调，所以可以添加暖色调形成补充和对比。下图所示为添加色彩后呈现出的更加鲜明的效果。色彩的添加如同图片在每个版面中位置和面积的控制一样，也需要注意节奏的变化。

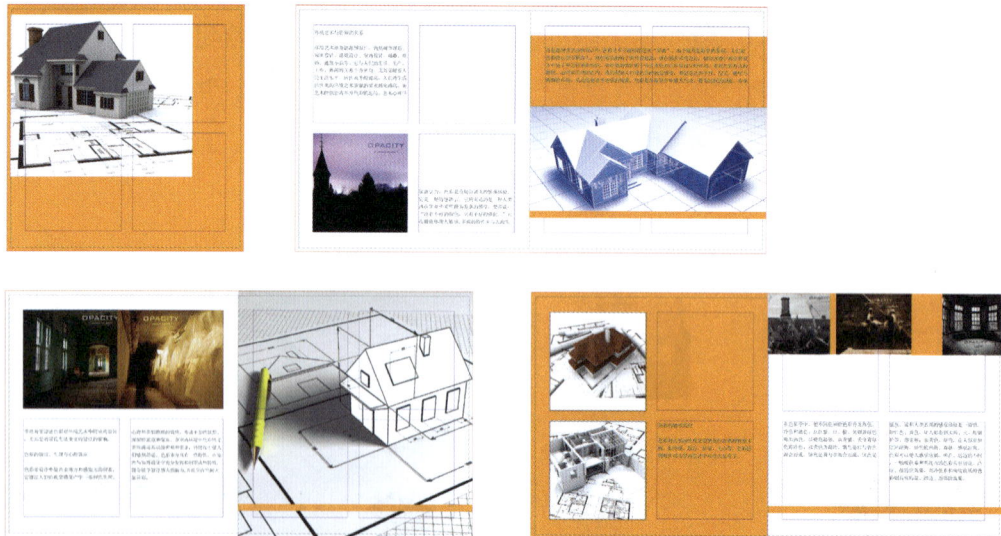

给版面制定色彩并搭配颜色

（4）进行版面细节要素的添加，包括色彩的进一步调整，页眉的添加，字体，特别是标题字体的调整，图形符号的添加。这些细节要素的添加都可以使整体版面效果更加完善。以此类推，按照以上方法可以设计出更多版面效果。

整体调整和细节调适

7.4 综合项目实战二——公益运动海报自由版式设计

慕课视频
公益运动海报自由版式设计1

慕课视频
公益运动海报自由版式设计2

现代海报设计较多地引入了自由版式设计形式，下面的公益运动海报就是借助自由版式的设计特点所完成的样式新颖、颇具活力、贴合主题的作品。具体操作步骤如下。

（1）自由版式的第一个特点也是最突出的特点是版心无疆界性，因此第一步就是确定主要图片或文字在版面中的位置，形成版面的视觉重心。可以选择并移动图片元素至新建项目画面（在 Photoshop 软件中新建 A4 大小、分辨率为 300ppi 的文件）的右下方。确定由右下方至左上方的视觉流向。

（2）将主题文字"运动魅力"放置在版面中，结合字图一体性的特点，文字摆放的间距和大小自由灵活分布，而整体的动向朝版面左上方，符合整体的视觉流向。

（3）为了增强版面活跃性，结合黑白灰的文字和图形，添加红色背景色块，以突出主要形象。

（4）为了丰富版面效果，围绕主要图形和文字添加点和线的要素。需要注意的是，第一，点和线是次要的，因此，在大小、比例、粗细方面都要弱化；第二，点和线的颜色要和版面中出现的颜色呼应；第三，点和线的动向符合视觉流向。接下来，结合点和线的动向添加辅助文字。

（5）依照版面中线条形成的动向添加辅助文字。

运用图片确定版心位置和视觉中心

字图融合一体

添加色块强化视觉中心

根据整体风格添加点和线的要素

公益海报自由版式设计①

　　按照以上设计思路和方法，还可以重新调整视觉流向和视觉重心，营造版心无疆界的效果，同时在字与图的叠加、字的拆分、点线面要素的添加和组合方式上形成更多的更富于变化的效果。

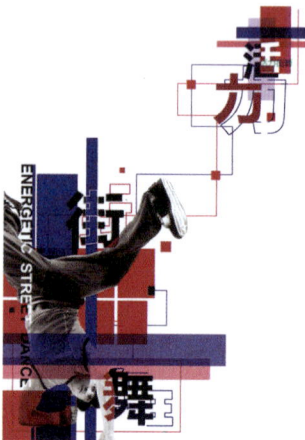

公益海报自由版式设计②

7.5 综合项目实战三——文化海报自由版式设计

慕课视频

文化海报自由
版式设计

各种主题文化海报设计也可以借鉴和运用自由版式，突破较为板正的效果，以更加灵活、自由、轻松的形式呈现。下面的案例以"三字经"主题书籍展示为内容制作海报。具体操作步骤如下。

（1）在新建项目画面（在Photoshop软件中新建210mm×400mm大小、分辨率为300ppi的文件）中首先确定版心和视觉流向。版面中左上部分的深灰色块表示版面中心，而右下部分的深灰色块是相对次要的图与文字信息主要集中的区域。在具体排版之前使版面形成左上右下平衡呼应的对角式构图。

（2）在版面左上角排列主题文字，注意文字在字体、字号、字重方面的变化。整体文字块面采用左对齐、右变化的效果，为右下方图形的排版及图文的衔接提供灵活的空间。

（3）将主要图形素材以透叠的方式组合排列在版面的右下方，形成一个较有整体性的块面区域。图形和主题文字同时也产生部分交错的效果。至此,完成版心、视觉重心、视觉流向的整体效果表现。

确定版面构图和视觉中心　　　主题文字的排版　　　图形与文字形成对角式构图

（4）添加点和线的要素，可以将和主题相关的文字以很小的比例自由分布在版面留白背景中以增加细节。

（5）为了进一步丰富画面的层次，借助自由版式字图一体性、局部不可读性的特点，将"三""字""经"三个汉字的内容文字交错排列在背景和主要内容中间，形成交错透叠的效果，完成海报的整体设计表现。

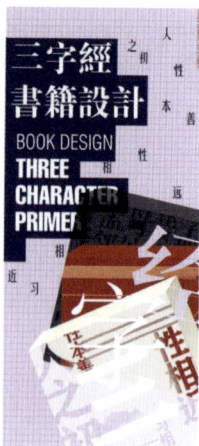

添加细节要素

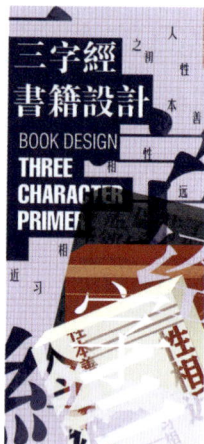

丰富版面层次

小结

本章主要介绍了网格版式和自由版式两种版式设计的基本类型。网格版式严谨、统一、理性、规范，设计师运用网格的基本分割方法和设计步骤可以确定不同的网格版式设计方案；而自由版式活泼、感性，更强调肌理和节奏的变化，设计师掌握自由版式设计的特点，可以设计出更多的更灵活的版式。

思考

1. 网格版式设计的基础是什么？
2. 网格版式设计的基本形式有哪些？
3. 网格版式设计的过程是怎样的？
4. 自由版式设计的特点是什么？

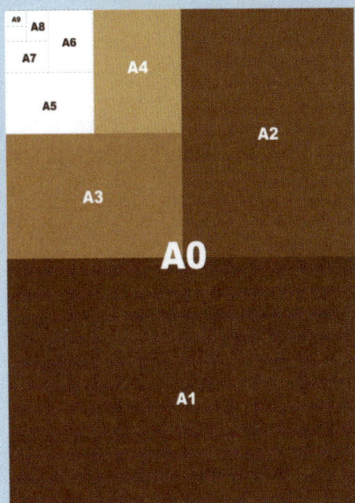

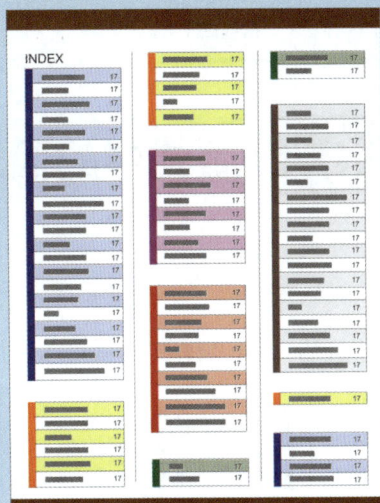

08

第8章 版式细节设计与印刷尺寸

之前的章节介绍了版式设计中要素的运用和两种主要的版式设计类型以及设计方法。在把握和确定了大的版面样式之后，版面设计还需要注意细节部分。主要包括本章要讲到的目录设计、页码设计、索引设计、装订线设计、其他不同类型的版面分割方式。除此之外，多数排版是为了后期的印刷及数字化展示，设计师要把创意附着在实际的载体之中，而不同的载体有不同的尺寸要求和限制，所以设计师还需要了解一些常见版式载体的尺寸。

8.1 版式中的目录设计

慕课视频

目录的设计

在版式设计中，目录设计最基本的原则是清晰简单。有时，根据版式设计的内容，目录的形式可以更加灵活。

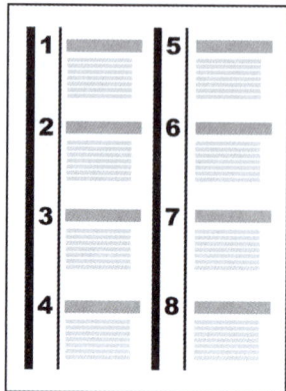

常规目录①

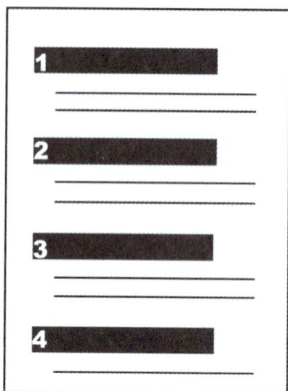

常规目录②

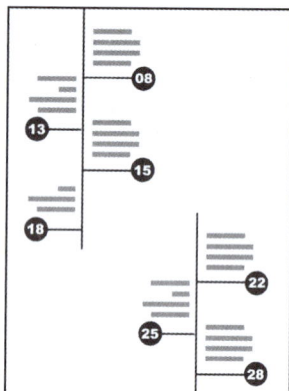

枝杈状目录

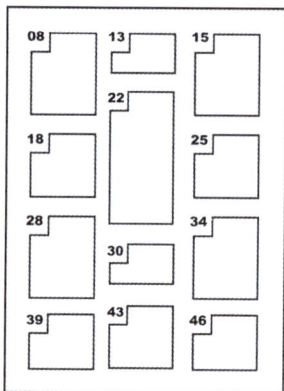

块面状目录

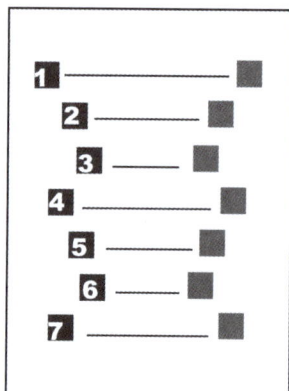

中心对齐式目录

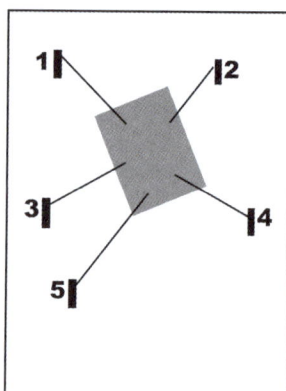

发散式目录

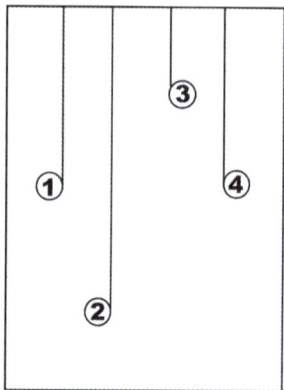

下垂式目录

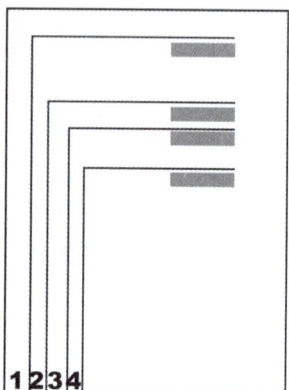

直角式目录

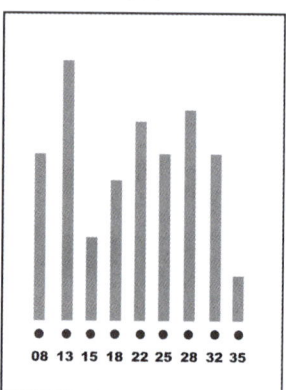

音浪式目录

8.2 版式中的页眉页脚设计

慕课视频 版式中的页眉页脚设计

慕课视频 书籍版面页边设计

页眉设计又称为页头设计，页脚设计主要是针对页码的设计。页眉页角是连续版面设计中很细节的部分，页眉页脚的内容有时一起出现，有时也单独出现。

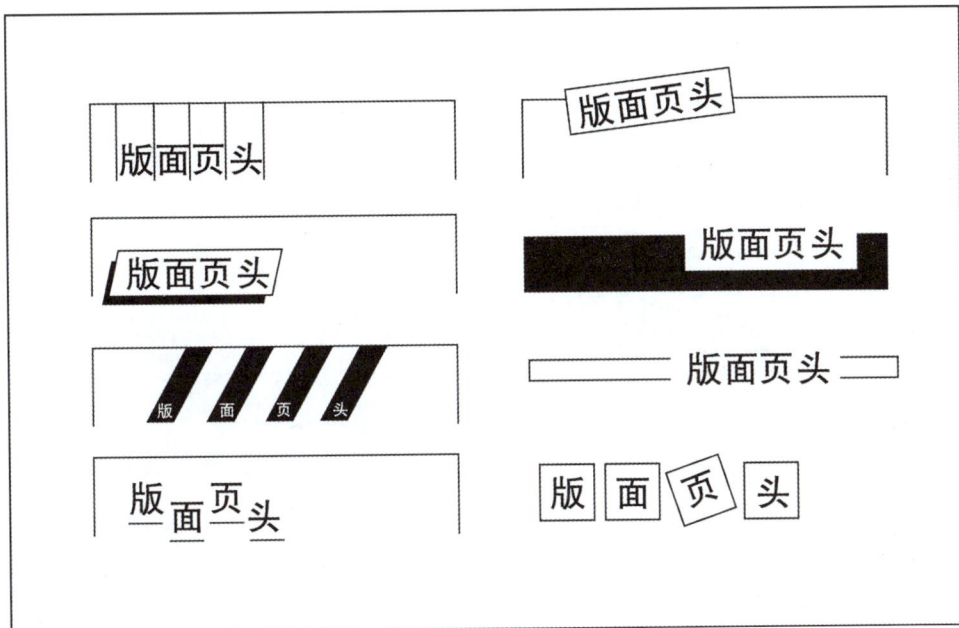

页眉设计①

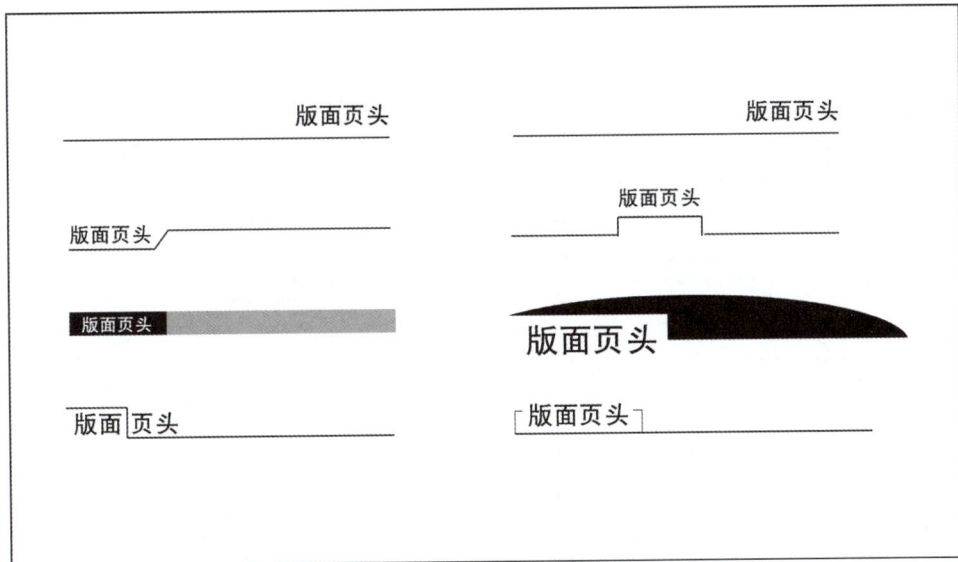

页眉设计②

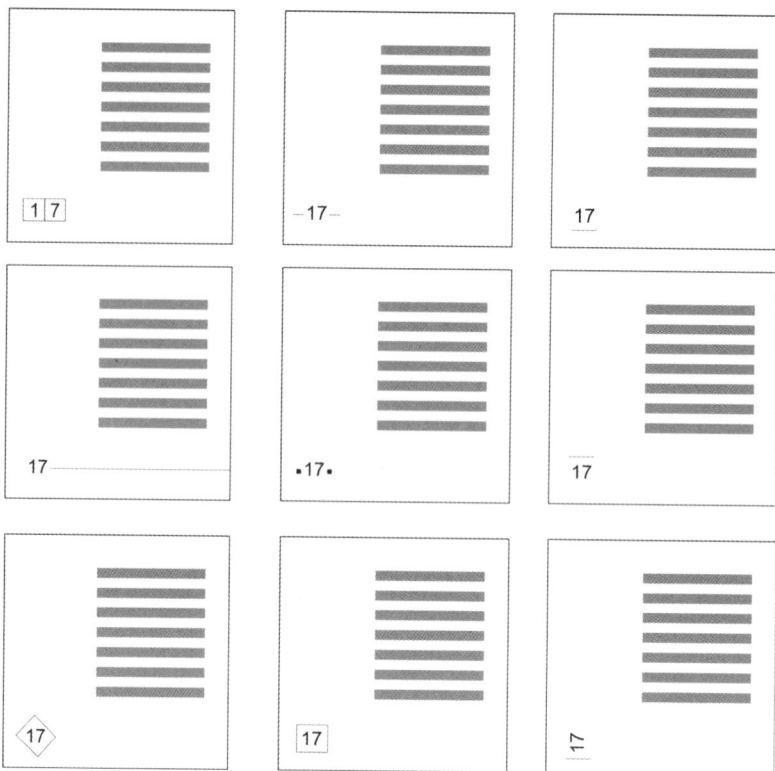

页码设计①

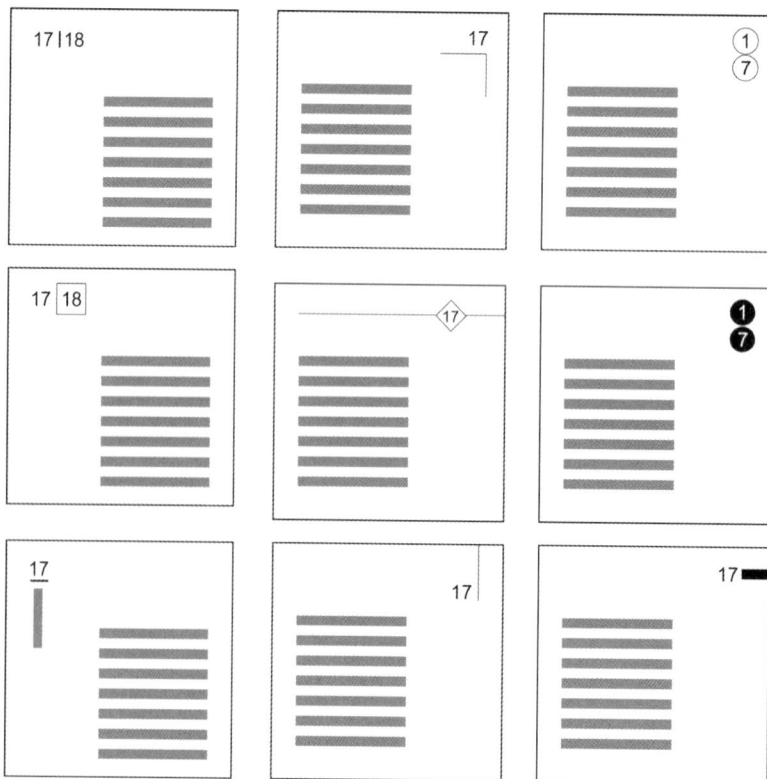

页码设计②

8.3 版式中的索引设计

索引出现在连续版面的结尾部分，是为了方便查阅信息。索引一般以栏状形式出现，其各个条目层次需要被清晰地展示出来。

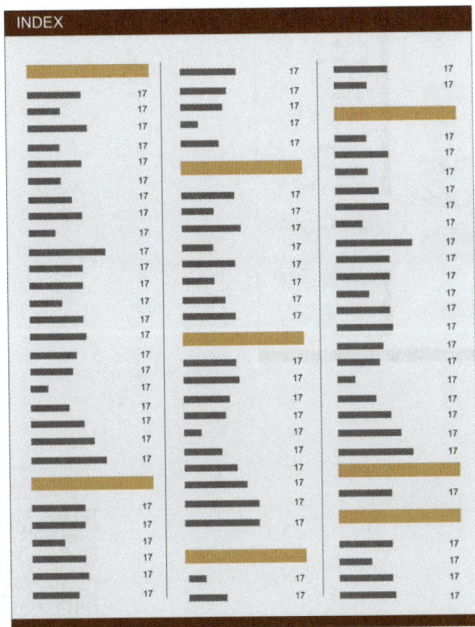

索引设计①

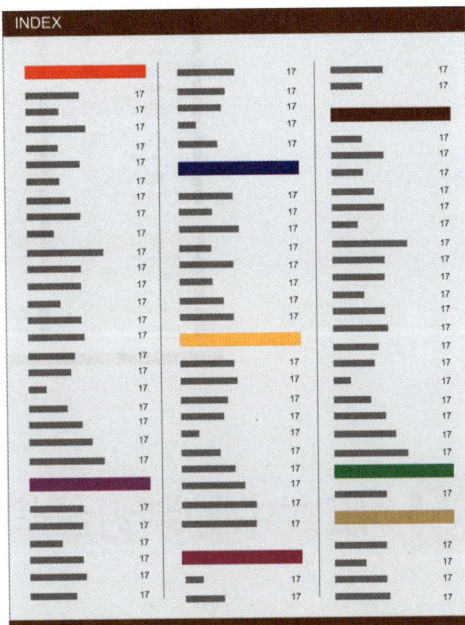

索引设计②

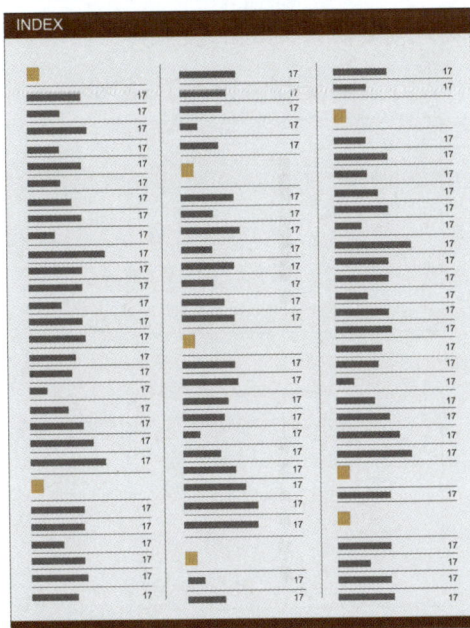

索引设计③

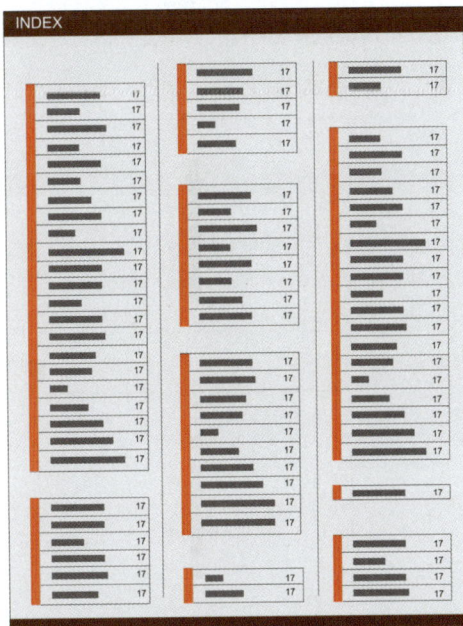

索引设计④

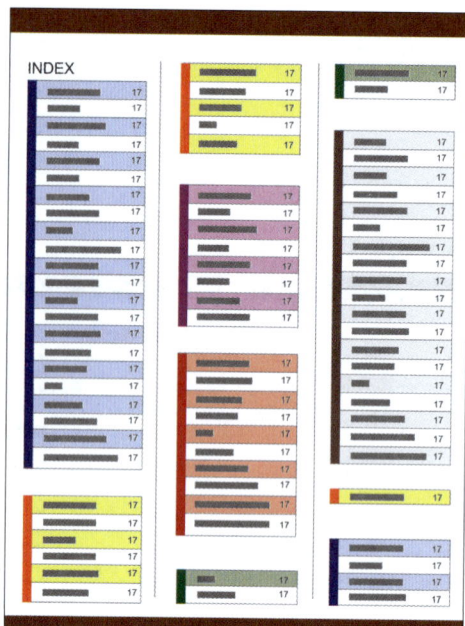

索引设计⑤

8.4 版式中的装订线设计

慕课视频

版式中的装订
线设计和版面
划分方式

　　版式中的装订线设计的目的是让装订区域呈现出装饰效果，装订线一般出现在书籍、杂志中，但不是所有的此类版面均需要。如果版面内容比较丰富，可以不做装订线的修饰；如果版面内容较少，可以适当添加装订线的修饰。

装订线设计①

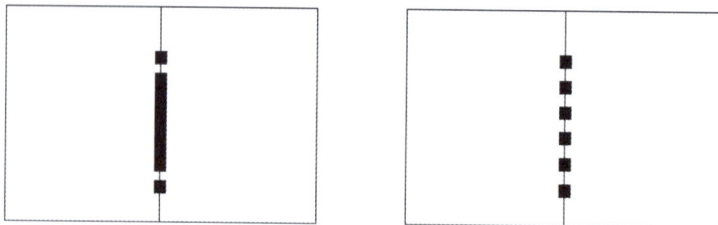

装订线设计②

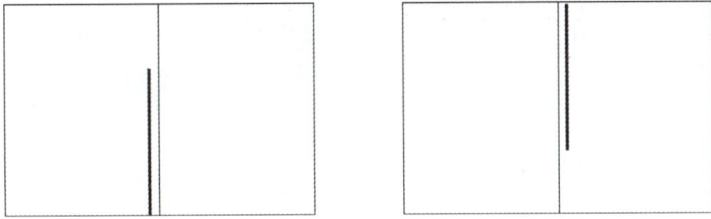

装订线设计③

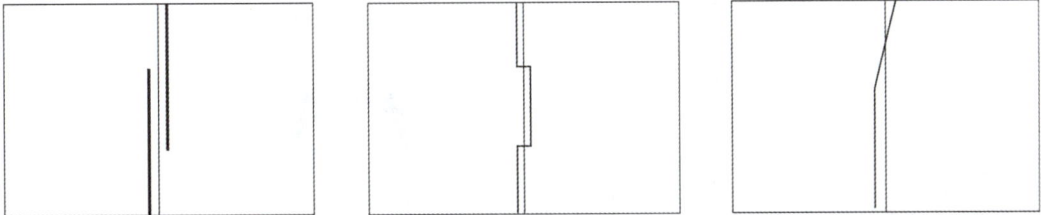

装订线设计④

8.5 不同类型的版式分割方式

前面的章节介绍了网格版式和自由版式。每种版式有各种不同的版面分割方式，例如垂直版面分割、倾斜版面分割、曲线版面分割等，可以在招贴、书籍、杂志等载体中运用。不同的分割方式也给同一类型的版面带来了更多的表现形式，丰富了版面的布局。

水平垂直的版面分割方式   倾斜的版面分割方式

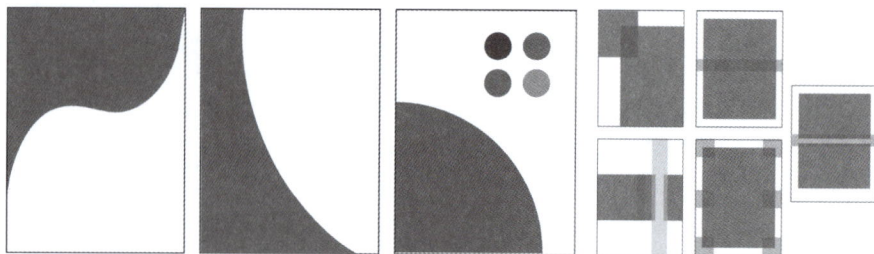

曲线的版面分割方式　　　　　　　　　叠加的版面分割方式

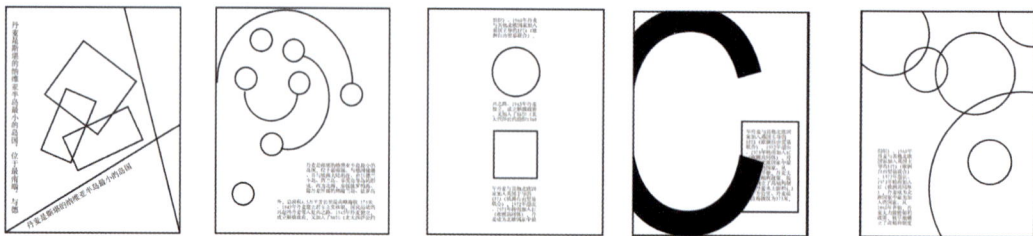

自由版式中其他的版面分割方式

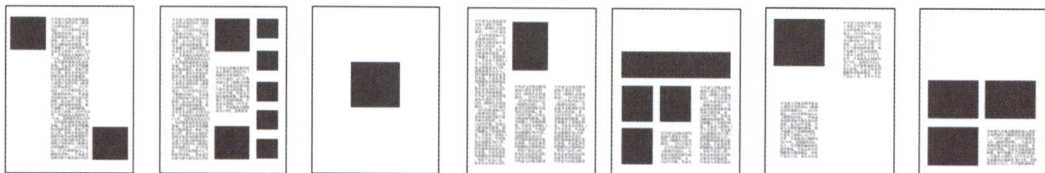

网格版式中其他的版面①

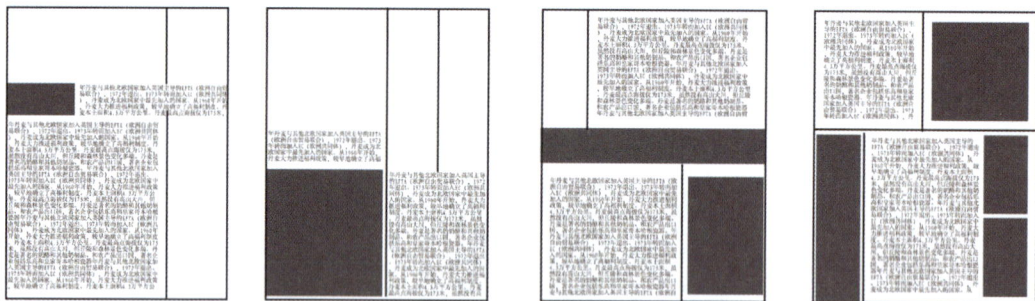

网格版式中其他的版面②

慕课视频

自由版式图文组
合与网格版式图
文组合

慕课视频

版面标准尺寸和
相关术语

8.6 版式设计中的尺寸标准

　　展示版式设计需要依赖一定的载体，每种载体都具有各自的尺寸要求。因此，详细了解国内外印刷业和平面设计领域广泛使用的各种不同的标准和规范是十分有必要的。下面主要列出的是 ISO 国际标准尺寸以及一些常用印刷载体的标准尺寸。

8.6.1 ISO国际标准尺寸

随着经济全球化，各个行业之间的接触与合作越来越密切，而版面印刷行业就要求有统一的印刷尺寸标准，这样可以让设计师和印刷工人之间的交流没有障碍，其工作更加高效。

几个世纪以来，设计师们已经认识到标准化纸张在实际运用中的优势。ISO纸张开本系列是基于2次方根的高宽比（1∶1.4142）设定出来的。

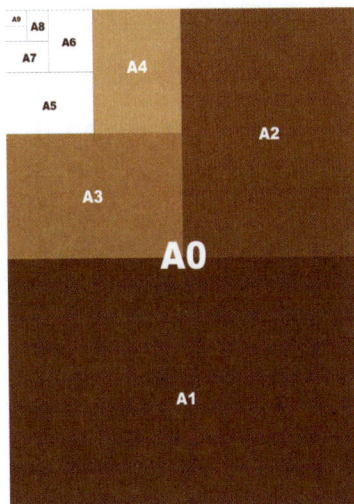

A系列纸张开本的比例关系

国际通用的纸张标准有A、B、C这3个系列，国内现在比较通用的是A系列。不同尺寸的纸张有不同的印刷使用方向。

ISO国际标准

A0/A1	海报与工程绘图
A1/A2	会议挂图
A2/A3	图表、绘图、表格、程序表
A4	杂志、信件、表格、传单、复印机、激光打印机及日常使用
A5	记事本和日记本
A6	明信片
B5/A5/B6/A6	书
C4/C5/C6	用于装A4纸的信封
B4/A3	报纸
B8/A8	扑克

纸张尺寸与用途说明

A系列（mm）		B系列（mm）		C系列（mm）	
A0	841×1189	B0	1000×1414	C0	917×1297
A1	594×841	B1	707×1000	C1	648×917
A2	420×594	B2	500×707	C2	458×648
A3	297×420	B3	353×500	C3	324×458
A4	210×297	B4	250×353	C4	229×324
A5	148×210	B5	176×250	C5	162×229
A6	105×148	B6	125×176	C6	114×162
A7	74×105	B7	88×125	C7	81×162/114
A8	52×74	B8	62×88	C8	57×81
A9	37×52	B9	44×62	C9	40×57
A10	26×37	B10	31×44	C10	28×40

3个系列的纸张尺寸

8.6.2 书籍和信封的尺寸规格

书籍有各种不同的尺寸和规格，用来承载图片和文字信息。下面是不同的书籍尺寸规格，可以作为设计书籍最开始的规划参考。信封同样有不同的尺寸和规格，在设计过程中，应参照标准规格制作。

规格	尺寸（mm）	规格	尺寸（mm）
1	143×111	12	254×191
2	146×95	13	286×222
3	171×108	14	318×254
4	191×127	15	381×279
5	203×133	16	381×254
6	213×143	17	445×286
7	241×152	18	508×318
8	254×159	19	356×260
9	260×175		
10	279×191		
11	216×171		

书籍的尺寸规格

规格	尺寸（mm）
C6	114 × 162
DL	110 × 220
C5	162 × 229
C4	229 × 324
C3	324 × 458
B6	125 × 176
B5	176 × 250
B4	250 × 353
E4	280 × 400

信封的尺寸规格

8.6.3 户外媒体标准尺寸

尽管户外媒体可以做成各种尺寸，但是为了减少制作程序、降低成本，依然要受到很多标准的规范。这些尺寸都是依据一定比例设定的。比例在版式设计中很重要，因为阅读的距离会影响各个元素的放置方式、文字的尺寸大小和图片的尺寸。由于户外媒体需要在很远的地方就吸引受众的注意，所以必须用尽量大的图片和尽量少的文字来传达信息。

单 块	762×508（最基本的大尺寸单元，纵向放置）
6 块	1524×1016（公交站牌）
12 块	1524×3048（横向放置）
48 块	3048×6096（标准的户外广告尺寸）
96 块	3048×12192（横向放置）

户外媒体标准尺寸

8.6.4 光盘标准尺寸

在配合数字媒体和纸质媒体的出版物中，常有配套光盘的设计制作，这需要设计师了解光盘和光盘包装的尺寸来进行合理的版式设计和布局。

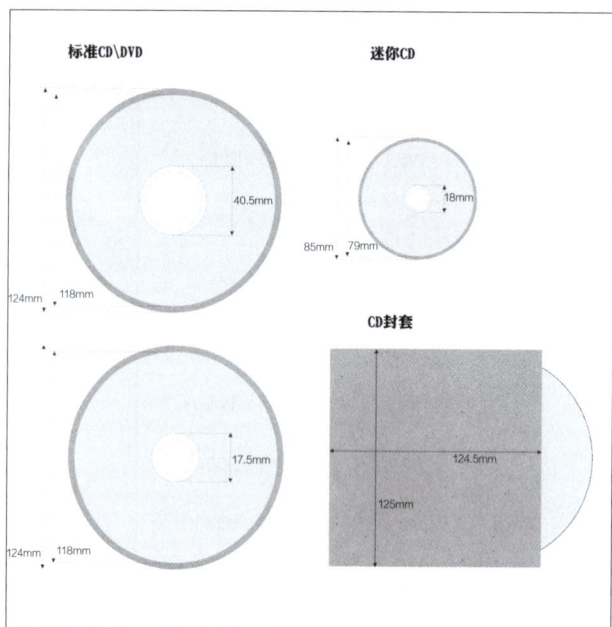

光盘的尺寸标准

8.6.5 版式设计的其他相关术语

这类术语（见下图）是依据行业规范制定的，是设计师在前期制作和后期印刷运用的过程中会使用和接触到的，能够对提高行业工作效率起到辅助作用。

横　置	将文字朝书脊方向旋转90度，读者需垂直着阅读
分　栏	页面上用于分隔文字的垂直划分
双联图片	把两张图片并置作为一个整体
网　格	用于放置各种元素的参考线
矩　阵	用于分隔页面和放置不同要素的页面结构
罗马大道	一串相互连接的图片
预览图	一个出版物页面的缩小版本，用于评价出版物整体的节奏
留　白	空白的未印刷的没有使用的区域

版面设计中的相关术语

8.6.6 交互媒体的设计尺寸

随着信息化的不断发展，人们越来越适应对交互媒体中信息的摄取和使用，信息的传播越来越依赖此类媒体。虽然纸媒在当下仍然有其存在的价值和特殊魅力，但不可否认，交互媒体（如手机、平板电脑、电脑等）已逐渐成为主流，设计师不得不关注此类媒体的设计规范问题。以下是常见交互媒体的设计尺寸。

常用网页设计尺寸	Web最常用尺寸	1366像素x768像素、72ppi ①
	大网页	1920像素x1080像素、72ppi
	Web	1440像素x900像素、72ppi
	Web最小尺寸	1024像素x768像素、72ppi
	Web	1280像素x800像素、72ppi
	MacBook Pro 13（Retina）	2560像素x1600像素、72ppi
	MacBook Pro 15（Retina）	2880像素x1800像素、72ppi
	iMac27	2560像素x1440像素、72ppi
	台式机高清设计	1440像素x1024像素、72ppi
常用手机/平板电脑设计尺寸	iPhoneX	1125像素X2436像素、72ppi
	iPhone8/7/6 Plus	1242像素x2208像素、72ppi
	iPhone8/7/6	750像素x1334像素、72ppi
	iPad Pro 12.9 英寸	2048像素X2732像素、72ppi
	iPad Pro 10.5 英寸	1668像素x2226像素、72ppi
	iPad Retina	1536像素x2048像素、72ppi
	Android1080p	1080 像素0x1920像素、72ppi
	Microsoft Surface Pro 4	2736像素x1824像素、72ppi
	Microsoft Surface Pro 4	2160像素x1440像素、72ppi
	iPhone5	640像素x1136像素、72ppi
	iPad Mini	768像素x1024像素、72ppi
	Apple Watch	312像素x390像素、72ppi

常见交互媒体的设计尺寸

扩展图库

版式细节设计

总之，版式设计过程中需要注意细节部分的设计调整，使其与主体内容协调，同时需要注意版式设计与后期应用，特别是印刷尺寸的协调，按照行业要求的标准进行设计，这些是版式设计师应具备的基本专业素质。

8.7 综合项目实战——版式细节设计

慕课视频

版式细节设计

以下版面基本的框架和主要要素已经清晰有效地呈现，下面将根据版式设计的整体风格对其中的文字、章节页、页眉、页码的细节元素进行设计。具体操作步骤如下。

（1）整体浏览后发现，此种版面为典型的画册版面，以网格化的图文排版为特点。所以在文字布局方面应该通过分栏与网格划分的形式表现，同时注意块面在连续版面中的疏密变化。

---

① 交互媒体的尺寸一般以像素为单位，分辨率为72ppi，目的是保证图像传输过程的流畅性。

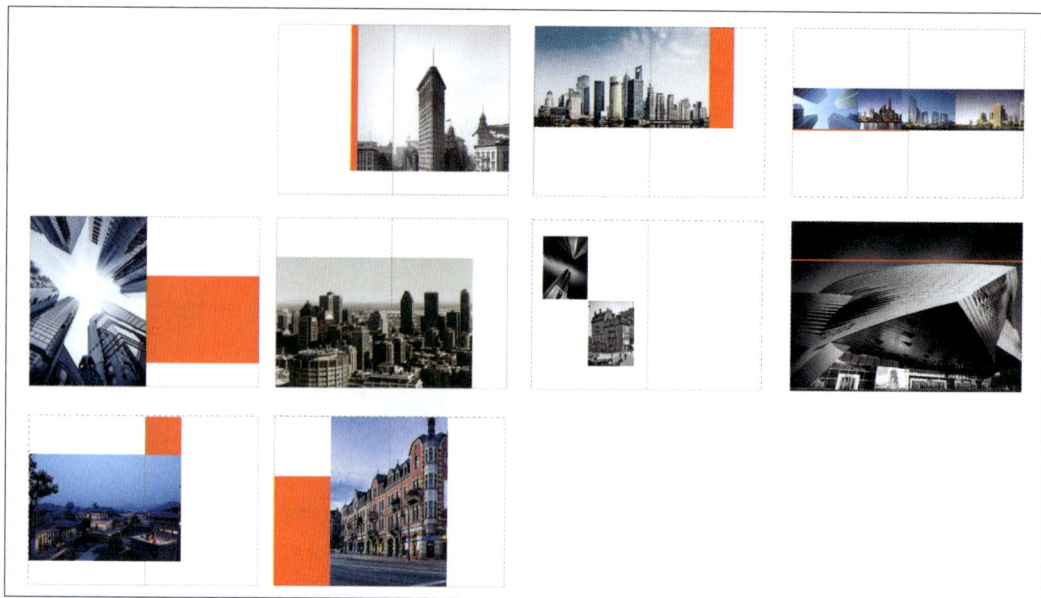

图片的布局与基本色块的搭配

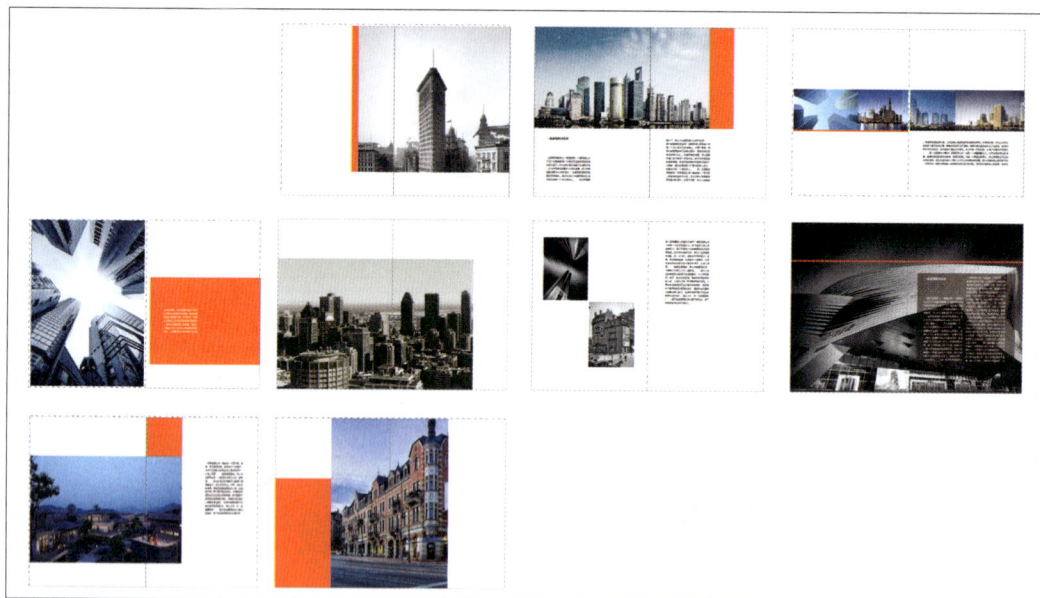

文字的布局

（2）章节页的提示部分可以通过较大字号的文字突出体现，文字色彩应注意与版面内部色彩的呼应。

章节页的设计

（3）页眉和页码为版面的次要提示部分，其在信息层次上要弱于正文部分，所以字体要细腻、字号要小一些。可以达到设计在对开页的一侧，页码设计在对开页中页眉的对角线位置，形成呼应，使整体版面达到平衡。

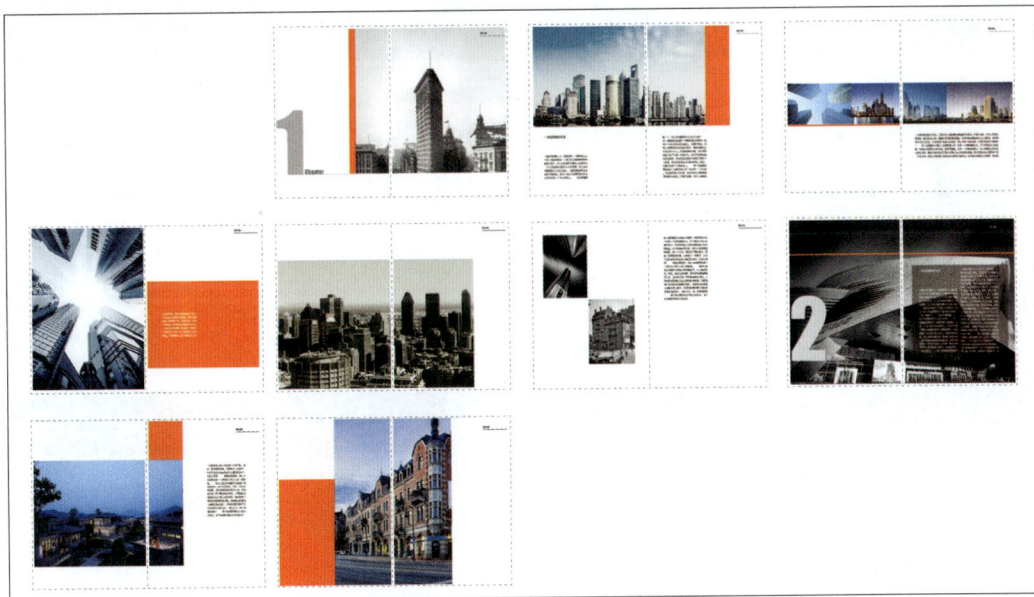

页眉的设计

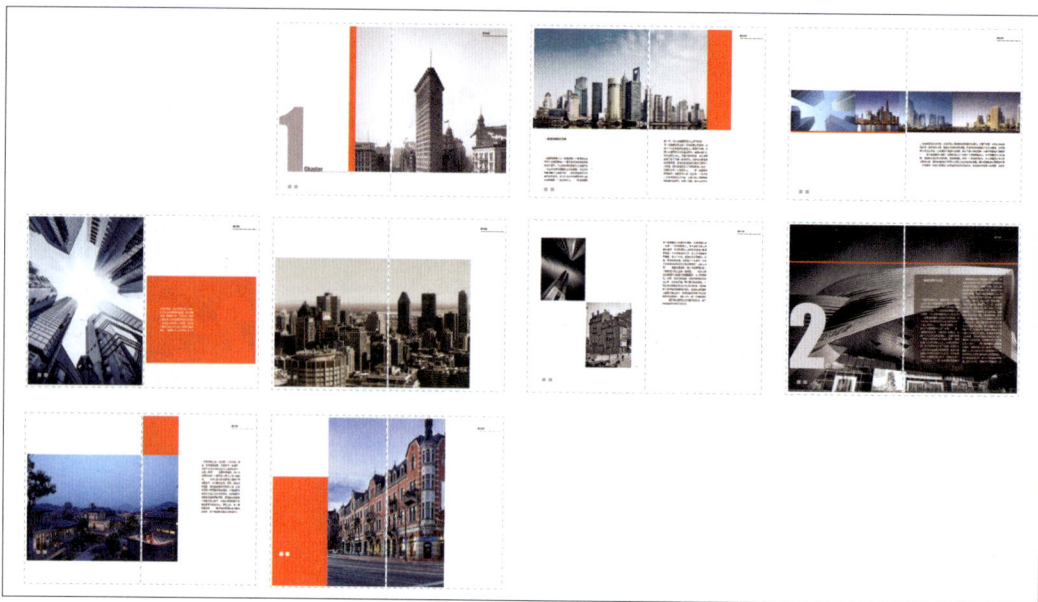

页脚的设计

小结

　　本章主要介绍了版式设计中包括目录、页眉页脚、索引、装订线等细节部分的设计样式和规范，以及设计师需要了解的常见版式分割方式、尺寸标准和相关术语。随着行业的不断发展，设计师需要不断了解新媒体的设计规则和要求，以便将版式设计运用到更多的平台中。

思考

1.什么是纸张开本？

2.版式细节设计包括哪些内容？

09

第9章 版式设计的综合运用

前面的章节主要介绍了版式设计的基础构成元素，如何有效合理地组织元素进行视觉流向和构图的安排，如何利用版式设计中字体、图片图形、色彩的属性和特点排版，以及如何运用两种常见的版式设计类型——理性严谨的网格版式和感性活跃的自由版式。在综合所学知识的基础上，根据设计要求和使用目的的不同，本章将进一步针对设计过程中遇到的各种类型的版式详细分析设计和制作过程。

9.1　书籍版式设计

　　针对书籍的版式设计不仅要达到美观的效果，同时要求达到契合主题的要求。书籍的版式设计一般以大气、简洁、鲜明为特点，其中的图片与文字块面性强、层次清晰。在书籍的版式设计过程中，既要注重图文版面构成的变化，又要巧妙地将变化控制在系统的组织形式之中。

慕课视频	扩展案例	慕课视频	慕课视频	扩展图库
实战案例介绍	旅游画册设计	扩展案例 - 旅游画册设计1	扩展案例 - 旅游画册设计2	画册

9.1.1　书籍版式设计中视觉元素的特点

　　书籍版式设计范围较广，包括文学类书籍、科普类书籍、商业宣传类书籍等，书籍的版式设计元素同样包括图片、文字，设计师只有抓住其基本特点，合理组织各种元素，才能够设计出符合宣传和使用目的的作品。

　　（1）书籍中图片的排版

　　书籍中图片的排版有的比较稳重和规整，有的较为灵活和自由，在布局过程中更加注重版面与版面之间图片摆放位置的变化，以及图片和空白版面之间比例关系的变化。有的版面可以是满版放置图片，有的版面中图片占一半，有的版面可以没有图片或者只留少量面积给图片，以营造版面和版面之间节奏的变化。另外，在单独版面中要排列数量较多的图片时，图片与图片之间要进行组合，以形成一个整体块面，避免版面显得零乱。

　　（2）书籍中文字的排版

　　书籍中文字同图片一样注重块面的表现。在图文组合的过程，有时为了增加版面的层次感，避免单调，可以在文字与图片或文字和底色之间增加一个色块丰富的块面。

　　（3）书籍中的色彩和版面布局

　　同常规版式设计一样，书籍版式设计也要按照版面连续性的整体效果确定严谨的色彩系统和色彩呼应关系，首先确定主色调和辅助色调，再在设计过程调整好每个版面中主要色彩的比例，在很多情况下还需要把图片色调考虑进去，这由图片在版面中的面积比例决定。例如，主色调是灰色和白色，辅助色调是酒红色，那么可能要确定色彩使用的比例，如灰色45%、白色35%、酒红色20%。具体到每一页中，可能第一页灰色占了70%，第六页酒红色占了60%，但是整体的色彩分配还是遵循大的比例关系。

9.1.2 综合项目实战———书籍版式设计

本项目实战的设计内容为以"拾花集"为题制作文学类书籍。结合主题特点,分析此书籍设计的风格以清新、典雅、复古为主要特色,色彩方面以安静、平和的暖灰色调为主,整体版面可以通过控制较多的留白达到效果。具体操作步骤如下。

(1)设定好16K的尺寸。在制作封面时,将出血线、书脊的基本界定范围用参考线标注出来。图片的基本色调为暖灰色,封面的摆放和布局可以采用较自由的形式,彼此叠加,这也为书籍内页部分的图形表现风格定下基调。封面的标题文字,即书名的部分需要明确且清晰地呈现。

慕课视频
书籍版式设计1

慕课视频
书籍版式设计2

慕课视频
书籍版式设计3

慕课视频
书籍版式设计4

使用参考线定位封面封底基本框架

图片的叠加布局

标题文字鲜明并贴合主题风格

(2)目录的设计和制作。在风格上延续封面的图片表现特点,为了突出目录信息的明确性,可以设计为左边图片、右边文字,由左至右的布局方式,视觉流向到版面右侧截止。同时,为了突出目录信息的清晰效果,在版面中设计面积较大的留白。一方面符合文学书籍的风格,另一方面可以为章节页和正文的细节设计部分确定基本的元素。例如,在文字出现的部分添加线框的元素,使之与传统文学书籍中框格的形式较为接近。

使用参考线定位目录版面的基本框架

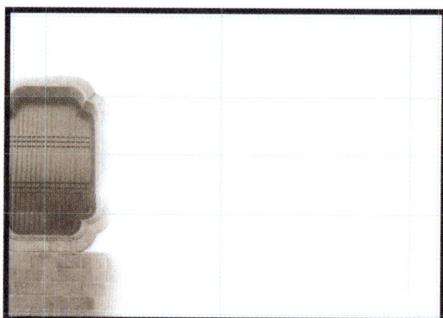

添加图片要素

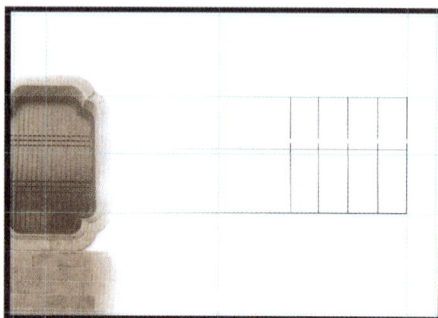

添加线框要素

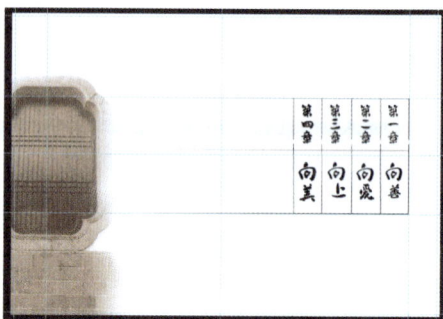

添加文字

（3）章节页的设计。章节页具有分隔正文内容的作用，因此在设计时要体现断开的效果，章节页同样可以设计留白，同时，在整体同类元素和表现形式确定的情况下，做出细节的调整。例如，不同章节页的章节信息内容的位置和图片穿插效果可做调整。

使用参考线定位章节页版面的基本框架

布局图片

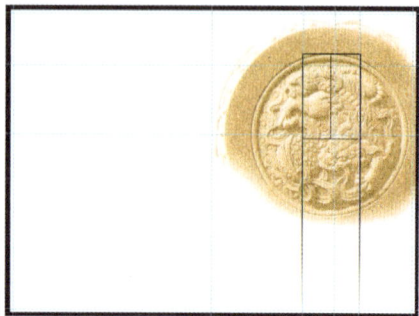

添加线框

布局文字

章节页排版样例①

章节页排版样例②

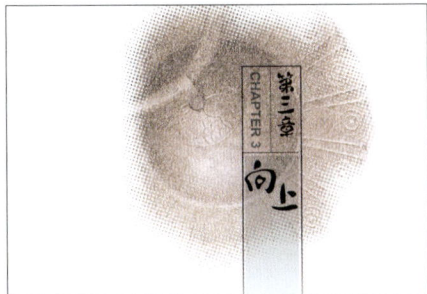
章节页排版样例③

章节页排版样例④

（4）正文页的设计。有了前面设计风格的定位，正文页的设计中最需要关注的是通过参考线搭建好基本的网格。由于正文页会出现大量文字的排版，因此网格在其中的作用不容小觑。正文页要使读者阅读顺畅，因此，正文的字体选择要细腻，排列要规整拘谨一些。同时要注意文字与背景图片的穿插，从而在每个具体的版面中营造一种相对的平衡感。

使用参考线定位正文版面的基本框架

布局图片

对文字进行排版

加入线框

正文页面排版样例①

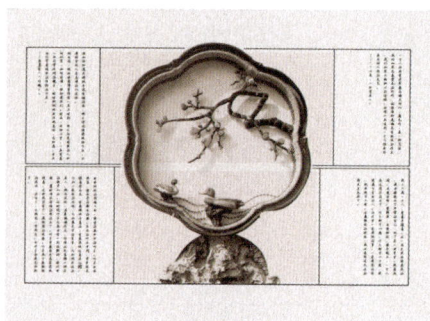
正文页面排版样例②

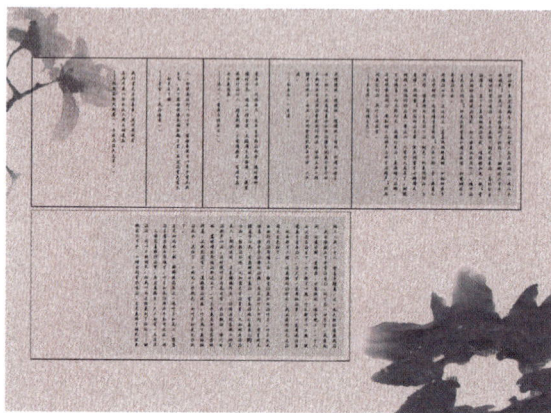
正文页面排版样例③

　　以上就是文学类书籍从封面到正文页的版式设计过程的思路分析与步骤展示，设计完成后可以制作出效果展示图。

书籍排版作品展示图

9.2 文化折页版式设计

文化折页相对于书籍来说是更简易便携的宣传载体，其版式设计形式多样。文化折页的文字内容相对于书籍更少，而图片的处理和表现方式更加自由。很多文化折页会使用自由边形图片或剪裁过的多边形图片。近几年，书法、水墨画、刻字、泥印、祥云等富含传统韵味的元素被运用在此种类型的版式设计中，在企业形象宣传、企业文化宣传、产品推广等领域应用广泛，以其独特的表现形式吸引着读者。

扩展图库 报纸版式设计

扩展图库 折页DM单页

9.2.1 文化折页中视觉要素的表现特点

（1）文化折页中的图片设计

文化折页中图片的表现形式更加自然，图片在版面中的位置更加自由，很多图形是以自由边形出现的，图片与版面背景融合得更好。

（2）文化折页中的文字设计

文化折页中的文字更加凝练。标题文字可选择的字体范围更大，特别是一些书法字体的运用，既符合版面整体风格的需要，又能够起到画龙点睛的作用。正文部分一般选用宋体、楷体。文字一般会以小块面的形式出现在版面中。

（3）文化折页中的色彩设计

文化折页中的色彩一般以清雅风格为主，在具体颜色选择上也更偏向于传统颜色，如中国红、深灰、浅灰，有时还有金色、紫色。在色彩的整体安排上，同书籍一样，文化折页也十分注重色彩的呼应。

（4）文化折页中的版面节奏控制

相对于书籍，文化折页的版面节奏更加轻松，但同时也有松和紧的变化。

9.2.2 综合项目实战二——文化折页版式设计

下面以"秀上坊"为题设计文化折页，设计对象为传统韵味十足的房地产宣传折页。具体操作步骤如下。

（1）文化折页的版面尺寸一般比书籍或杂志小。在排版之前可以先确定整个折页的总长，以便后续更好地把握整体的图文分布、色彩呼应和节奏。然后，为版面设定初步的色调。前面讲到文化折页在具体颜色选择上也更偏向于传统颜色，因此可以将红、灰、黑色调运用到版面中，这也确定了版面的整体色彩呼应关系。

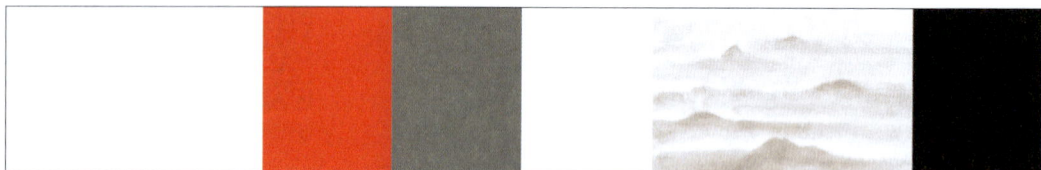

慕课视频	慕课视频	慕课视频	慕课视频
文化折页版式 设计1	文化折页版式 设计2	文化折页版式 设计3	文化折页版式 设计4

设定版面尺寸与确定色彩基调

（2）进行版面节奏的定位，也就是在具体布局图片和文字之前，对连续版面中每个版面的图文面积比例进行调控和布置。

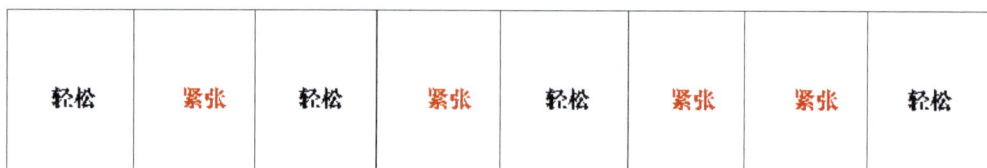

定位版面节奏

（3）根据节奏变化关系为图片布局。首先，自由边形图片有延伸感，因此前一张图片和下一张图片之间的空间距离可以大一些。其次，根据图片的颜色和版面底色进行图片布局。

布局主要图片

（4）素材中也提供了规则的矩形图片，包括室内效果和平面图，为了保证版面的整体性，可以将规则图片缩小并紧凑排列在一个区域的版面中。

布局辅助图片

（5）进行宣传折页标题文字的设计，要选择和设计好标题文字的位置、字号、字体。

在正面第一页和反面第一页中，标题文字需要被鲜明地呈现出来，显得清晰而突出。

对标题文字排版

（6）进行正文文字部分（小字部分）的排版，将文字以小块面的形式排列。需要注意的是，文字可以采用竖排的方式。整个版面设计完成后，再一次检查版面整体的色彩呼应效果，达到图片在版面中连贯流畅、文字规整严谨的效果，保证版面的整体性。

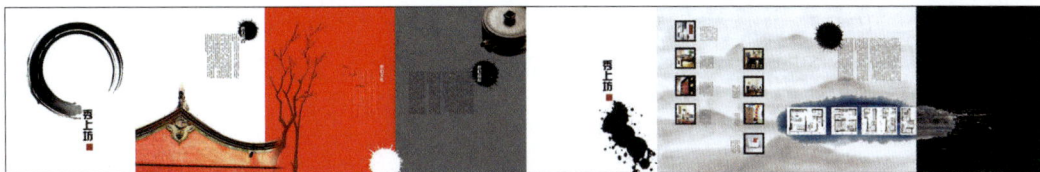

对正文文字排版

（7）下图为宣传折页正面和反面的效果展示图。

文化折页效果展示图

9.3 电商平台版式设计

随着社会信息化的发展，越来越多的人将电脑和手机作为信息获取的重要手段。其中电商平台版式设计就是在交互媒体结合传统版式设计方法，兼顾流媒体信息传播特点的过程中产生并得到广泛使用的。

9.3.1 电商平台版式设计的基本要求

如同网页设计一样，电商平台版式设计附属于网页设计，同样要综合运用图像、图形icon、字体、色彩等设计要素。

（1）标题要足够吸引人，网页的所有相关链接要畅通和有效，以便用户进一步搜索。

电商平台标题栏的设计

（2）电商平台版式设计内容需要采用表单格式呈现，实际就是通过一定的网格搭建框架，这是保证浏览率的前提。有时使用数字和其他标记符号来突出重要内容，会使网站更容易浏览、用户更快找到所需的信息。电商平台版式设计同样要运用传统版式设计的原理，并注意以下几个问题。

首先，明确版面框架设计，常见的电商平台版面框架结构有以下几种。确定好框架之后，可以再在大框架中做小的块面分割。

电商平台框架的搭建

框架内图文内容的组织

　　其次，在搭建好框架的基础上，在布局中要注重整体版面的平衡。平衡，简单来说就是重量的平均分配，使版面的各组成部分在视觉力量上保持一种均衡稳定的状态。

　　最后，是注重焦点和主次的分配。用户在浏览过程中，首先关注的地方称为焦点，这是电商平台版式设计最注重的一部分。如果在版式设计过程中强调一切要素，就什么都强调不了，会造成视觉上的混乱，因此要对个别要素加以强调，使其在展示过程中有更大的优先权。要建立一个主次关系明确的平台页面，需要利用大小、位置、色彩等方式实现。形成信息浏览的起点，使用最重要的信息要素做引导，是安排电商平台视觉流向的关键。另外，由于交互平台的特殊性，除了使用传统视觉流向的设计方法外，页面的动态设计也能够完成信息引导的工作。

　　（3）电商平台版式设计应避免出现大量文字。研究显示，用户不会花过多的时间去阅读大量的文字，无论它们有多重要或写得有多好。因此，必须把大量文字分解为若干小段落，突出重要内容，以帮助用户节省阅读时间，并集中用户的注意力。

文字信息块面明确的产品设计

（4）电商平台版式设计偏向于用大图片获得关注。图片比起文字更容易吸引用户的注意力，用户更倾向于查看那些能够清楚地看到细节和获取信息的图片。当然，要保证所用的图片与文字内容相关，否则它更容易被忽视。大多数用户都拥有较快的浏览速度，所以设计师可以使用那些面积较大的图片。

电商平台中大图的使用

（5）电商平台版式设计也需要利用好留白。过量信息会把用户淹没，同时也会使用户忘记平台所提供的大部分的内容。所以保持页面的简洁，适当留白，会给用户留出一些视觉空间来，这不仅可以缓解视觉疲劳，还能够让其更加集中于主要元素。

电商平台中留白的运用

（6）电商平台页面中色彩的设计也是决定整体效果优劣的关键。首先，在整个页面的色彩选择上，确定贴合主题的色调。多数电商平台页面一般以浅色为背景，如浅灰色、浅黄色、浅蓝色、浅绿色。以浅色为底，柔和、素淡，配上深色的字，如黑色，读来自然、流畅，也有利于突出页面的重点，有利于协调整个页面的配色，更容易为大多数用户认可。其他一些次要内容，如背景图片、线条适宜采用不抢眼的颜色，以免喧宾夺主。只有少量精心选择的要素，为了突出强调，才采用明亮的颜色。这些彩色亮点会产生强烈的视觉冲击，但如果用得太多了，反而会形成一种均匀的噪声而达不到强调的效果。

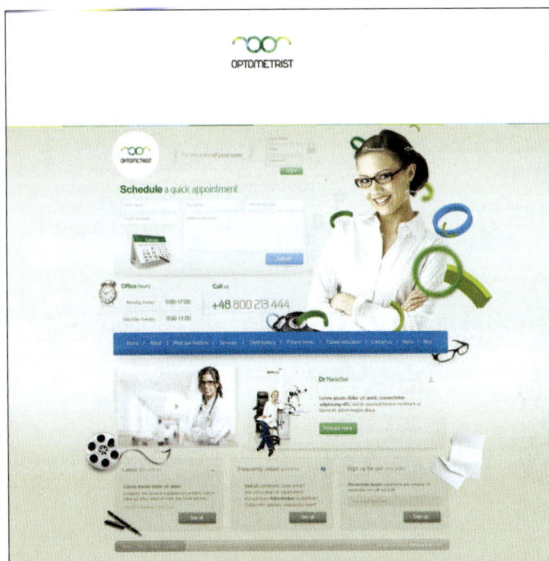

柔和的页面色彩搭配

其次，在背景的色调搭配上一定要注意尽量减少强烈的对比，特别是要避免同时使用色彩对立的颜色。大面积的背景适宜采用低对比度色彩，过于丰富的背景色彩会影响前景图片和文字的取色，严重时会使文字溶于背景中，不易辨识。所以，背景一般以单色为宜。如果需要制造一定的变化以增加背景的厚度，也应在尽量统一的前提下变化。例如在设计标题时，为追求醒目的视觉效果，可用比较深的颜色，配上对比鲜明的字体。实际上，背景主要用于统一整个页面的风格和情调，对视觉的主体起到一定的衬托和协调作用，一方面吸引注意力，另一方面有助于体现产品的主题。

9.3.2 电商平台版式设计需要注意的其他问题

（1）页面清晰整洁。电商平台页面的精美与否在很大程度上决定了用户是否愿意在这一页面停留更长时间做深入浏览。

（2）利用色彩对情绪的影响力。色彩心理学早已被人们运用到营销战略中，产品不同颜色的包装在很大程度上确实能影响人们的情绪和购买决策。太过刺激的颜色不宜作为页面备选颜色，而淡蓝色和绿色都不具有威胁性，是不错的选择。例如，绿色适合用来传达打折或降价信息。

（3）设计好导航栏。顾名思义，导航栏是起导航、引导作用的部分。通过导航栏的引导，用户可以迅速了解自己要找的东西在哪个栏目，而不用到处漫无目的地找寻，从而方便了购物。

（4）以具有号召力的口号吸引用户。在排版过程中设置一些振奋人心的口号来吸引用户，使其通过口号链接跳转到相应页面，这比单纯添加简单的按钮有效得多。不过要注意的是，这样的口号不宜太多，否则会适得其反，扰乱用户的选择，导致用户无法决定到底该购买哪些产品。

9.3.3 综合项目实战三——电商平台版式设计

下面以"溧阳白茶"为题设计产品的线上推广页面。具体操作步骤如下。

慕课视频	慕课视频	慕课视频	慕课视频
电商平台版式设计1	电商平台版式设计2	电商平台版式设计3	电商平台版式设计4

（1）浏览相应的素材之后，需要设定页面的比例，同时使用参考线搭建页面的基本框

架。本项目实战根据信息内容的排布将页面大小设定为 450mm×1726mm，分辨率设定为 72ppi，从页头至页尾根据内容分布将页面分为6个区域。

（2）结合素材色调和主题，提取绿色、浅灰色、土红色组成页面的基本颜色搭配方案。其中图片素材为绿色，因此，页面中的绿色可以由图片内容承担。背景采用大面积的浅灰色，这样可以使页面干净清爽，有利于主要内容的呈现。土红色是从产品商标和包装中提取的颜色，可以作为补充颜色使用。为了调整页面的节奏，可以将图片和产品效果素材交替排版。电商平台页面在浏览过程中具有滚动性，页头的设计需要突出醒目，因此，需要把重要的商标和图片放置在页头。

（3）基本图片要素的排版完成，基本色彩基调确定之后，需要添加细节元素，使页面看起来充实、精致。使用线框分隔不同区域的内容，可以使信息的层次感提升。

| 使用参考线搭建页面框架 | 基本图片的色调的布局 | 各部分图片内容的合理穿插 | 添加细节元素明确信息块面 |

（4）分别对每一个区域做细节元素的添加和调整。这里需要注意以下两点。首先是文字信息的添加，电商页面以图为主、文字为辅，文字要精简，导览性文字和细节文字的大小要区分开。整体页面中只有一定数量的小字，为需要细节信息的用户阅读。由于页面主题为"溧阳白茶"，为了突出中国传统的茶文化特色，文字可以横排与竖排交替。其次是色彩的呼应，添加的细节内容无论是插图、文字，还是线条，都应该在定好的色彩系统中取

色，以免造成页面的凌乱。

第一部分页头块面的细节设计

第二部分产品块面的细节设计

第三部分产品块面的细节设计

第四部分图片块面的细节设计

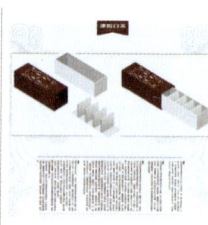

第五部分产品块面的细节设计

（5）以下是完成的整体页面展示。

电商平台整体页面排版

9.4 招贴版式设计

招贴是指展示在公共场所的告示，具有高度的象征性、浓缩性和文化性，与政治、经济、文化、艺术有着密切的关系。其在长达一个多世纪的发展历史中，对社会生活、生产产生了巨大而深刻的影响。它由于处于纯粹艺术和应用设计的交叉点上，兼有绘画和设计的特点，加之多种表现形式、设计理念和技法的综合运用，呈现出精彩纷呈、风格迥异的多元化发展新格局。作为一种极富弹性的大众媒体，招贴最能体现平面设计的形式特征，具有视觉设计最主要的基本要素。

扩展案例

文化招贴版式设计

慕课视频

扩展案例-文化招贴版式设计

扩展图库

招贴

9.4.1 招贴中的图形排版

招贴中的图形主要是通过高度简洁、形式明快、富于创意、以情感人的形象在有限的时间和有限的篇幅中，直观、迅速、准确、有效地传播信息、观念及交流思想，以提高版面的关注度。相对于其他的媒体，招贴中图形的作用和分量更大。招贴中的图形主要表现为具象和抽象两种形式。

具象图形多采用摄影和逼真画的绘制方法加以表现，可以形象地再现客观对象的具体形态、色彩、质地等，渲染真实的现场感受，增加内容的可信度，激发人们的兴趣和欲望，吸引人们的注意力。抽象图形则是通过高度理念化的表现，舍去自然物中不重要和琐碎的形状，以凝练的形式表现物形的本质特征，不受对象、表现技巧的束缚。

招贴中的图形无论是具象形式还是抽象形式，最终都是为了以情感人、以理服人，达到情与理的高度统一，给人以强烈的现代感、形式感、真实感或自由的装饰感，冲击人的视野，震撼人的心灵。

9.4.2 招贴中的文字排版

文字在招贴中同样发挥着举足轻重的作用。招贴中的文字包括侧重于设计内容的文案设计和突出表现形式的字体设计两部分。字体设计是利用文字重叠、夸张、发射、透视、变形、渐变等形式，将文字图形表现出来，具有强烈的视觉冲击力和独特的形式美感，丰富和拓展了招贴的表现空间。

招贴中的主题文字一般选择粗壮的广告字体，小字的部分一般选择中粗或较细的字体。

9.4.3　招贴中的色彩搭配

对招贴来说，色彩搭配应从整体出发，注意色彩的情感、联想及象征性，把色彩的实用价值和审美价值紧密结合起来，多角度、全方位地体现出科学技术、美学技艺与艺术的高度统一，使招贴的观念或产品的特点得到充分的展现。

9.4.4 综合项目实战四——文化招贴版式设计

下面以"中国"为主题设计文化招贴。文化招贴需要突出中国特色，因此在素材方面，中国元素的内容如水墨、建筑、色彩的搭配、字体的选择等都需要斟酌。具体操作步骤如下。

慕课视频	慕课视频	慕课视频	慕课视频
招贴版式设计1	招贴版式设计2	招贴版式设计3	招贴版式设计4

（1）构图方式可以采用向心式和对称式，这也符合中国传统天圆地方的观念。因此，在版面框架方面可以使用虚线和实线相结合的方式将"米"字结构和圆形穿插起来。

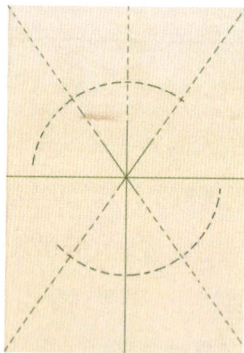

确定招贴的构图方式

（2）将主要图形元素放置在版面的中心位置，水墨和图形结合形成大的块面。

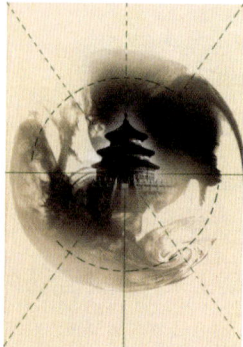

主要图片要素的布局

（3）添加主题文字。为了体现中国特色，在色彩方面可以选择中国红。这样既能够与背景的水墨灰色形成层次上的对比，又能够形成较为合理的色彩搭配。主题文字沿着版面垂直分割线排列，端正而突出；辅助文字的部分沿着主题文字呈对称式构图，从而营造出整体平衡中的变化。

（4）在整体效果的基础上增加局部图形和印章，丰富细节。

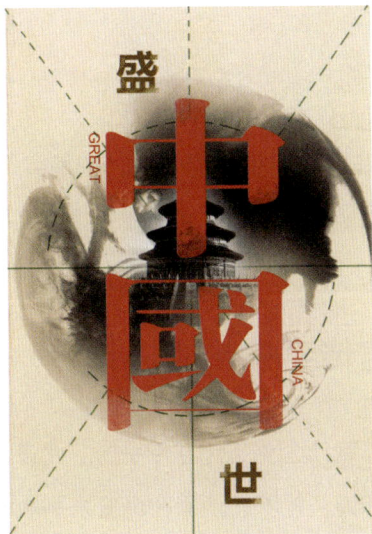

文字的布局

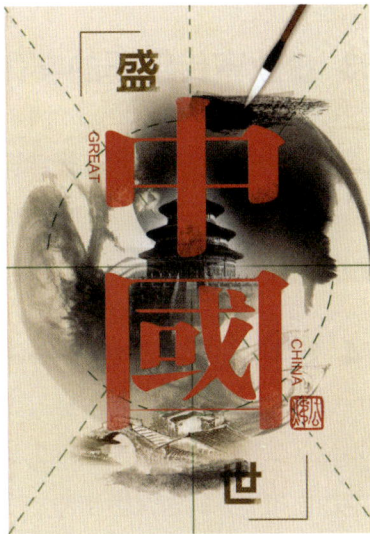

细节要素的点缀

9.5 企业宣传手册版式设计

所谓企业宣传手册，指企业用来宣传自己的形象、文化、产品、服务及其他相关信息的手册，是对企业产品和团体机构的业务信息和形象进行推荐而做的设计的简称。为了增强市场竞争力、巩固品牌形象，企业宣传手册成为宣传企业形象的重要手段。一本好的企业宣传手册必须正确传达产品的优良品质及性能，同时给读者带来卓越的视觉感受。

扩展图库

企业宣传手册

9.5.1 企业宣传手册的整体版式

企业宣传手册一般以网格版式为标准搭建框架。版面应简约大气、层次分明，细节设计可以在不影响整体版面的基础上，适当添加色块和辅助图形。

9.5.2 企业宣传手册的图片设计

　　企业宣传手册的内容以图片为主，图片会以满版或者小块面的形式按照网格和设定的数字比例关系布局。图片在使用之前需要进行适当调整。其中还常常会涉及信息图形或图表的设计，这也需要设计师根据版面布局、版面特点和版面主色调来设计简易、层次清晰的信息图示效果。

9.5.3 企业宣传手册的字体设计

　　企业宣传手册中的字体一般选择常规的装饰少的易识别的字体，字体的种类不能过多。一级标题、二级标题、正文、注解的字体需要分别明确统一，不能随意替换。文字需要严格按照网格布局。

9.5.4 综合项目实战五——企业宣传手册版式设计

　　下面以建筑公司企业宣传手册的内页为案例，制作企业文化宣传手册。此设计既注重简单大气的版面布局，同时又适当添加了细节的修饰，能够使读者在浏览系列版面的过程中，感受到设计在细节呈现上的独特之处。具体操作步骤如下。

慕课视频　　　慕课视频　　　慕课视频　　　慕课视频

企业宣传手册　　企业宣传手册　　企业宣传手册　　企业宣传手册
版式设计1　　　版式设计2　　　版式设计3　　　版式设计4

　　（1）设定好版面的尺寸，以对页的方式排版，其大小为420mm×297mm的16K页面，分辨率为300ppi。为了突出版面大气的效果，将图片完整布局在左面，同时，为了能够更好地统筹版面色调，将图片素材去色为黑白照片，以更贴合建筑主题。

　　（2）添加文字和细节。由于版面色调素雅单一，辅助色可以选择明亮的暖色调，如黄色、绿色。文字排在右面对页，通过分栏排成两列，同时可以采用左对齐的方式，在严谨的网格框架中体现一定的灵活性。

第一个对开页面的图片排版

辅助色彩的添加

细节图形要素的添加

文字的排版

（3）在第一个对开页排版完成的基础上，进行第二个对开页的设计。基本的思路和方法是类似的，可以调整图片和细节的排列位置，做到统一中有变化。

（4）第三个对开页的设计过程如下图所示，以此方法，后续的版面风格可保持一致。图片为灰白黑效果，可以占一个对开页，也可以占两个对开页。细节方面使用黄色、绿色以及色块和圆点点缀画面。文字则借助纵向的网格放置在规范的区域中。

第二个对开页面的图片排版

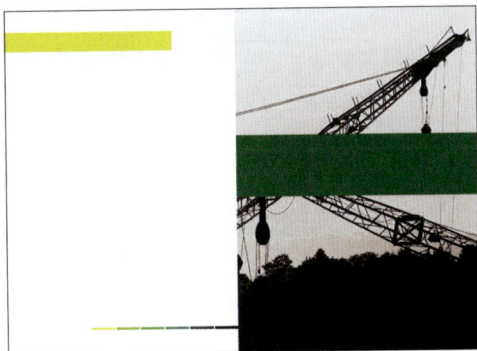
辅助色彩的添加

细节图形要素的添加和文字的排版

信息图表的添加和完善

第三个对开页的图片排版

辅助色彩的添加

文字的排版

细节要素的添加

小标题文字的设计和字体颜色的调整

小结

　　本章通过一系列案例的操作和分析，结合各种不同类型的设计主题，完成了从书籍到企业宣传手册设计的各种类型的版式设计。每个项目的设计都需要根据具体的设计内容，对文字、图片、图形、色彩等各种要素进行合理组织和运用，充分调动版面的各个要素，合理安排构图和视觉流向。版式设计初学者也可以通过参考大量的优秀案例不断提高自身的设计水平。

思考

　　1.版式设计的基本要素有哪些？

　　2.版式设计的基本类型有哪些？

　　3.版式设计涵盖的载体有哪些？

　　4.书籍的版式设计需要注意什么问题？

　　5.文化折页版式设计与书籍版式设计有何异同点？

　　6.电商平台有哪些元素？每一种元素有什么特点？这些元素与传统版式设计载体的设计要素有何区别？

　　7.电商平台版式设计需要注意哪些问题？

　　8.招贴版式设计需要注意哪些问题？

　　9.企业宣传手册的设计风格一般是怎样的？

关于版式设计

在信息化社会的浪潮中，快节奏的生活让人们开始学会选择性地关注信息。如何采用科学的方法在纷繁的信息中引导读者，这是当今设计师所面临的问题。版式设计是信息传播的桥梁，也是视觉传达的重要手段。因此，设计师不仅要牢固掌握传统纸媒版式设计的方法和规律，把握其中的要点，更需要比较现代信息载体与传统载体的异同点，结合新兴的技术进行版式设计。合理的版式设计方法的使用，以及实用性与艺术性的有效结合，能成就更迅速、更准确的信息传递。